轉動城市
行銷力

葉 泰 民 ──────── 著

全華圖書股份有限公司

目錄

四 | 全球典範訪談紀實   077

高雄在會展產業才剛起步，在此先感謝葉泰民先生總是不吝提供我們許多寶貴的建言，與我們分享許多寶貴的經驗，讓高雄在推動會展產業時更加順利。

看到《轉動城市行銷力》這本書的標題，我著實有感過去的高雄一直是臺灣工業重鎮，雖然成為臺灣經濟起飛的重要推手，但高雄仍承受著重工業帶來的負面影響，我們希望透過產業轉型來翻轉高雄，因此我們選擇了「會展產業」作為城市轉型的重要推動項目之一。如同葉泰民執行長書中所述過去臺灣做的是「商品外銷」，現在則是要「把人拉進來」，這個想法與我們不謀而合，我們希望高雄從一個物流的港口城市，轉變為人流的港灣城市，因此，會展產業就是我們轉動這座城市的原動力！

很高興葉泰民執行長撰寫出版《轉動城市行銷力》，因為這本書不僅集結 10 多個其他國家／城市會展局或國際會展專家之訪談內容，更綜整出臺灣中央及地方如何發展會展的精闢建議。仔細研讀這些發展建議，很高興有些地方我們高雄已經著手在做，而有些部分是我們後續要調整及改善之處，但是整體而言，高雄推動會展的方向是正確的！高雄正在創造「內容」，我們主辦「全球港灣城市論壇」、成立「高雄會展聯盟」、邀請私部門積極共同推動高雄會展、與鄰近縣市合作，整合南臺灣會展資源；我們由衷希望藉由會展這個平台讓全世界認識高雄，同時，也將高雄專業、熱情的一面讓國際看見。現正適逢高雄轉型之關鍵時刻，希望中央給予支持及資源，協助打造高雄成為亞太會展舉辦首選地點。

最後，再次感謝葉泰民執行長對臺灣會展產業發展的貢獻，也期許臺灣會展產業更加蓬勃發展，希望他一直專注做「好事」，協助我們行銷高雄，讓更多人知道高雄的好，認識高雄的美。

高雄市長

陳 菊

會展產業所創造的經濟價值，並不僅限於參展的業者，而能延伸到零售、觀光、交通、旅宿等行業，使全民共享會展所帶來的利益，且會展活動能吸引各界的人才和資訊，激盪出更多的創意和進步的火花。

葉泰民執行長於 1991 年創辦集思會展事業群，為現任中華國際會議展覽協會理事長，是臺灣會展產業的先驅。臺中市非常倚重葉執行長的經驗，曾邀請葉執行長於本市「經濟發展諮詢委員會」為臺中市會展產業把脈，會中提供相當多具體的建言，讓本市了解到透過會展活動，可吸引全球各地商務及知識菁英來臺，並將臺灣美好印象帶回分享，讓臺灣能帶動各產業邁向國際，其影響力非同小可。

葉執行長的新書讓我們瞭解一個成功的城市行銷及發展會展產業，單純靠政府的力量是不夠的，關鍵在於一個「公私合夥」的專責組織，透過政府與企業的媒合及攜手，結合政府單位的財力與資源、企業的動機和效率，創造出一加一大於二的能量。

葉執行長這次藉由訪談全球重要會展專家並集結成冊，分享全球主要會議城市如何組織、行銷與經營，讓我們可以了解臺灣還有哪些欠缺的地方，並如何藉由會展活動讓臺灣發光發熱並與國際接軌，帶動臺灣會展產業及經濟成長。透過這本書我們看出葉執行長致力於行銷臺灣，讓臺灣與世界接軌的用心，不論是政府或企業單位皆可藉由這本書獲得許多的啟發。

臺中市正推動水湳、烏日雙會展計畫，在水湳經貿園區的水湳國際會展中心，除了原有展覽的功能外，更打造國際級會議中心，結合臺中市多元的觀光資源，透過雙港聯結，吸引國際會議、展覽及獎勵旅遊至臺中市舉辦；位於烏日的產業國際展覽中心則是以中臺灣次區域整合的角度考量，結合中臺灣多元的產業聚落，以國內產業業者作為基礎，吸引國際策展人與國際廠商來參展，發展成為中臺灣產業展覽的中心。

除了會展硬體的建設，臺中市更擁有雄厚的軟實力，臺中市氣候宜人、交通便利，並蘊含兼容並蓄的文化特色，為臺灣創意的起源地，此外從梨山到高美濕

地，觀光資源豐碩，在此軟硬體實力兼具的條件下，臺中市於 105 年加入國際會議協會（International Congress and Convention Association，簡稱 ICCA），並已爭取 2017 年亞太網路資訊中心（Asia Pacific Network Information Centre，簡稱 APNIC）年會、2018 世界花博及 2019 東亞青運等國際會議、展覽及大型活動於臺中市舉辦，積極參與各項國際性會展活動。

臺中市在今年底即將成為臺灣的第二大城市，也是未來落實五大創新研發產業政策的重點所在地，做為一個產業深耕臺灣，市場放眼全球的國際都會，佳龍身為臺中市的大家長，將把會展產業列為施政的重要目標，也希望葉執行長在結合會展與城市行銷上，多給予臺中市更多創新且具前瞻性的建議，進而藉由會展活動，讓全球看到臺中的美好。

臺中市長

林佳龍

會展行銷引商機　創造桃園城市品牌價值

會展產業是城市連結全球知識經濟的橋樑，一個城市若能成功爭取到國際級展覽以及大型會議之主辦權，不僅可獲得活動帶來的直接與間接經濟價值，以德國為例，德國的會展行銷全球知名，無論是法蘭克福書展還是漢諾威工業展，不僅引進國內外各領域菁英的創新知識和商機，並推廣行銷在地優勢及新興策略性產業，更能與本國產業交流，進一步帶動整體經濟成長。

桃園工業產值達新臺幣 3.06 兆元，工業產值連續 12 年全國第一，是全國境內產業型態多元，涵蓋食品、汽車、物流、綠能、光電、生技等，意即擁有堅實的產業聚落經貿硬實力。桃園市政府此刻正推動桃園航空城世貿中心籌設工作，並積極舉辦大型展演活動，以培養會展專業人才。

葉理事長以深入淺出的筆觸融合理論與實務，讓讀者了解會展產業的演變、全球主要會議城市如何建構獨特之「城市行銷組織」並行銷與經營城市品牌。城市行銷組織近年逐漸傳至歐亞，卻因不同的政治與文化環境，而衍生出不同的模式，包含規模、資金來源與營運方式。

內容除有參與國際會展事務之豐富經驗及閱歷外，亦深入訪談 12 個先進國家及城市於會展產業之運作模式及行銷方式，極具參考價值。閱讀此書獲益良多，也邀請您一同細細品味，成為專業會展人才的一份子。

桃園市長

鄭文燦

這是一本為臺灣寫的書！

面對 Jason 寧可延後印刷的堅決，我拿著剛排版完成的影本，在議會空檔認真讀著 Jason 這本夾雜著自我經歷、訪談報導以及政策建言的作品，腦海中自然而然浮現出—「這是一本為臺灣寫的書」。

認識 Jason 是在 2013 年 11 月的上海，高雄市經發局以預備會員的身分參與了當年的國際會議協會（ICCA）年會。剛步入會場不久，臺經院周霞麗處長，就積極地介紹 Jason 給我認識，而我很快就感受到在 Jason 溫文有禮的微笑背後，突出的溝通能力與感染力，也慶幸在高雄會展產業發展過程中，得到一位重要的夥伴。

2014 年，是高雄的會展元年。由安益集團承接經營的高雄展覽館正式營運，作為主管機關，經發局在 2013 年委託了臺經院擔任會展專案辦公室的角色，逐步展開高雄發展會展產業的企圖心，高雄會展團隊也開始接觸到國內外各個會展專業組織及團體，過程中獲得許多寶貴建議。高雄作為一個新興的會展城市，相較於許多成熟型的會展城市，高雄擁有的籌碼不多，但卻有十足的可能性與想像空間。如果僅著眼於展館規模等硬體設備，或是執著於提供各種獎助誘因來吸引展會，高雄很難跳脫別人成功的模式找到自己的路。因此，除了各種行政支持以及一定的獎助誘因外，高雄必須嘗試一條新的路徑，這個摸索過程的第一步就是成立高雄會展聯盟。

高雄會展產業啟動較晚，產業的生態系統需要花時間建立，如何縮短這個過程，大家同心協力將生意帶來高雄，建立起高雄的會展生態系統，是首要工作。因此，高雄會展產業聯盟在 2015 年 1 月成立，由市府帶頭邀集產業及學術界共同組成，成立會議、展覽、餐旅、產業及 NGO 等諮詢小組，定期討論並提供會展發展所需建言給政府部門，同時也強化各部門間的聯繫與合作。更重要的是，高雄會展聯盟，並不以高雄市的行政區域為界線，已逐步邀請周邊縣市的觀光、交通、餐旅業者等加入聯盟運作。如此，除了擴大會展資源外，更重要的是將南臺灣各城市的特色整合起來，增加我們的國際會展競爭力。

高雄已經實施的這些策略性做法，包括政府與產業的合作、跨縣市產業的納入等，這些都可在本書中城市案例中找到印證。然而，策略性的做法實施容易，產業發展的戰略性轉型卻不易推動。當整體資源有限的情況下，過去仰賴政府經費補助來爭取會展活動的模式勢必要做調整，而需由會展城市發展角度去思考運作的機制以及永續的發展。

有鑑於此，Jason 在本書中提出「公私合夥」專責組織的觀念，將可能是未來會展發展重要的轉型戰略。目前高雄正在運作的會展聯盟組織，屬於一種「公私合作」的型態，和公私合夥的專責組織有三點不同。首先，工作人員多為兼任，經驗不易積累，不利人才的長期養成。其次，所謂合作，仍然只能是「政府歸政府、民間歸民間」，民間給政府的意見叫做建言，政府提出的各項辦法叫做指導，很難建立共同決策及當責的機制。最後，當然是財務的永續性與資源運用機制的建立。

成立公私合夥專責組織來推動會展產業發展，在臺灣會是理念還是實踐，跟政府組織改造進程密切相關。中央政府成立行政法人的工作已經展現成效，地方政府方面以文化展演場館管理為標的的行政法人也陸續在籌設。這項打破公務人員任用限制，透過董監事會引入民間參與決策的行政工具，雖然在財務上依賴政府預算支持的局面一時難以改變，但可能是一個值得嘗試的發展方向。

無論在會展產業發展上，公私合夥的關係是理念還是可能的實踐，Jason 的著作，應當能帶給關心會展產業發展的夥伴們許多思考及討論的題材。

這是一本用心為臺灣所寫的書。

曾文生

高雄市政府經濟發展局局長

位於愛爾蘭，專為會展產業內的企業與組織提供教育訓練、行銷與策略顧問服務公司 Sool Nua 的城市行銷顧問執行合夥人 Patrick Delaney 在書中分享：「一個城市，若能發揮她的獨特性，不論是走激進或感性路線，都有助於建立連結、區別自身與其他城市的異同，而這往往是城市在打造品牌與行銷的過程中，常常被忽略的要素。」然而，打造一個城市的品牌與價值，發展會展產業是一個最有力的工具，透過會展產業衍生出的體驗經濟與知識經濟，將世界各地的資金、人才帶進會展，舉辦城市可創造出龐大的地方經濟。

會展產業具有三高的特性，包括高成長潛力、高附加價值與高創新效益，因此世界各主要城市無不競相推廣會展產業，希望藉此帶動當地觀光及經濟的快速成長。從國際上看，在瑞士日內瓦、德國漢諾威與慕尼黑、美國紐約、法國巴黎、英國倫敦、新加坡、香港等世界著名的會展城市，會展產業為其帶來了大量的直接經濟效益，有力推動這些城市的經濟繁榮和發展。舉例來說，美國每年舉辦商展 200 多個，直接經濟效益超過 38 億美元；法國展會每年營業額達 85 億法郎，展商的交易額高達 1,500 億法郎，展商和參觀者的間接消費也在 250 億法郎左右；香港每年也通過舉辦各種大型會議和展覽，獲得可觀的收益。

近年來區域經濟加速成形，造成國際經貿文化關係逐漸取代傳統的國際政治關係，促使全球各大城市積極發展會展產業，當然臺中市也不例外。為提供更完善的會展政策與人才等相關資源，臺中市政府正積極推動臺中市產業發展條例，建立產業發展基金，配合重大交通建設計畫與國際招商，吸引國際級飯店進駐，未來也將成立會展專案辦公室，提供專屬服務，以促進會展及周邊產業發展並刺激消費支出，提升就業率；同時，藉由打造臺中會展雙星—水湳國際會展中心與烏日產業國際展覽中心，以塑造城市整體會展環境，透過舉辦國際會議與展覽，促進政經、文化、科技知識交流，活化城市機能。加上臺中擁有多項優勢產業聚落（如工具機、自行車、航太、手工具）、地方特色（如美食、伴手禮）與旅遊景點等資源，是爭取國際會展來臺中舉辦的優勢，透過規劃會展產業的發展策

略，與民間會展業者及非營利事業組織共同合作積極爭取國際會展，目前已成功爭取承辦 2017 年 APNIC 42 與第 50 屆國際生產工程學會製造系統研討會（CIRP Conference on Manufacturing System）、2018 年世界花卉博覽會以及 2019 年東亞青運，未來也希望爭取更多的國際會展活動到臺中舉行；同時，也希望臺中自辦的國際展覽，如 TMTS、臺中五金展、臺中自行車周等能持續成長，共同凝聚會展能量，提高臺中城市會展品牌的國際能見度。

葉泰民理事長在會展產業內以細心與創新著稱，葉理事長所創的集思會展事業群在國內舉辦過不少指標性會議，包括國際護士大會、世界首都論壇、比爾蓋茲參加的世界資訊科技大會等。葉理事長所著《轉動城市行銷力》，藉由訪談全球會展典範城市與會展組織的重要人物，以官方及民間觀點，將國際主要會展城市在組織、行銷與經營的做法上做經驗與知識的分享，提供國內政府借鏡，並激發打造會展環境新思維，啟發會展產業力量，藉由公私合作，將可共同提升國內城市在會展產業上的全球影響力。

呂曜志

臺中市政府經濟發展局局長

會展是行銷城市與國家的重要元素，更是臺灣必須發展的重要服務業。葉泰民理事長經由城市行銷力分析，以及全球典範城市的訪談紀實，指出轉動城市行銷力的關鍵在「公私合夥（public-private partnership）」關係的強化與落實，的確點出國際會展產業發展的核心議題。期盼關心行銷臺灣的社會各界，能共同努力開創臺灣會展產業更廣闊的格局。

施顏祥

前經濟部長、中原大學講座教授、財團法人中興工程顧問社董事長

會展產業為產業資訊交流之重要平臺，為強化我國會展產業之國際競爭力，並因應亞洲其他新興國家之競爭，本部持續在會展產業投入許多資源，自 2005 年起推動 4 年期（2005 至 2008 年）「會議展覽服務業發展計畫」，當時係由商業司辦理，鑑於會展產業具刺激經濟成長及帶動貿易出口效果，因此自 2009 年起由本局辦理，並接續執行 4 年期「臺灣會展躍升計畫」（2009 至 2012 年）及 4 年期「臺灣會展領航計畫」（2013 至 2016 年），期望在政府政策的支援下，打造臺灣成為全球會展活動重要的目的地。

會展計畫執行至今已發揮相當成效，在會展相關公協會及業者的支持與協助下，整體會展環境也因而持續改善，我國會展產業在國際評比上，亦有顯著進步，國際會議方面，根據國際會議協會（ICCA）2015 年 5 月公布 2014 年我國國際會議場次共計 145 場，創下新高，在亞太地區排名從第 7 名躍升至第 4 名；國際展覽方面，根據國際展覽業協會（UFI）104 年 7 月發布的企業對企業（business-to-business）展覽總銷售面積排名，我國 2014 年成長率為 8.8％，居亞太地區第 2 名；在會展人才培訓方面，為使會展人才資格認證與國際水準接軌，本局自 2012 年引進國際會展資格認證後，已經協助逾 100 位國人取得國際展覽認證（CEM）及國際會議認證（CMP），取得人數皆居亞洲第 3。

除國際評比的提升，我國會展產業在運用創新科技提升會展活動品質方面，亦在亞太地區居領先地位，屢獲國際會展組織競賽活動首獎，包括 2012 年 ICCA 最佳行銷獎及 2015 年 UFI 行銷獎等。在目前全球化、數位化、大數據的浪潮下，本局將持續整合中央、地方政府及民間會展產業供應鏈等資源，行銷臺灣；同時將透過建立全球會展活動案源及我國業者資料庫，篩選出適合爭取來臺辦理的潛在案源，以協助爭取更多國際會議及展覽來臺舉辦。

會展產業與城市行銷，正是臺灣連接世界的重要推手。葉理事長目前是 ICCA 亞太分會主席，他的新書出版，乃是他從過去二十餘年從事會展業務無私的經驗分享，以及過去到訪各國考察與積極參與國際會展組織所觀察到的諸多寶貴觀念與建議。

欣逢葉理事長的《轉動城市行銷力》付梓之際，藉此表達敬佩之意，並期盼葉理事長諸多嶄新觀念能為關心臺灣會展人士注入一股新的思維與動力，以激勵臺灣會展產業帶動各相關產業走向國際舞台，並往亞洲會展大國邁進。

楊令妮

經濟部國際貿易局局長

臺灣，最美的是人，怎麼樣讓全世界都知道臺灣的美麗與美好，發展觀光業吸引全球旅客來臺實際體驗，絕對是最好的途徑。特別是觀光產業在全民、業者及官方三方多年「放眼世界 布局全球」的努力打拼下，終於突破千萬人次的大關，臺灣正式成為千萬觀光大國。我們認為臺灣觀光的下一步就在於「質量優化 價值提升」，並且應該朝著「優質、特色、智慧、永續」4 大策略方向前進。

我們常說觀光是一個平臺，歡迎每一個臺灣的優勢或潛力產業透過觀光這個平臺向全世界發聲。觀光局長年與經濟部國貿局共同攜手拓展 M.I.C.E. 產業，共同希望發展會議展覽與獎勵旅遊產業，引領臺灣觀光由量轉質，特別是臺灣會展產值每年已達 361 億元以上，列名行政院十大重點服務業，而根據統計顯示會議展覽旅遊者平均消費是一般觀光客的 2 至 4 倍，會展所帶來的外部經濟效益倍數更達 2.74，足見會議展覽及獎勵旅遊的確是臺灣觀光下一步發展不可缺席的重要產業，也佔有舉足輕重的角色。

葉泰民理事長長時間投入心力在會議展覽及獎勵旅遊產業上，為了帶動臺灣在這個產業上更上一層樓，無私地投入編寫此書，不只是分享自己過去的經驗，更花了長時間訪問全球會議產業的典範，具體建議臺灣應以「公私合夥」的模式，使中央與地方合作，設立國家級和各縣市行銷組織，整合產、官能量，轉動臺灣行銷力，真正把生意帶進來。

除了祝賀葉理事長新書付梓，我也期盼藉由葉理事長所引介的觀念與案例實踐，號召更多業界有志之士一同貢獻己力，一起「為臺灣做件好事」，每個人都成為臺灣會議展覽與獎勵旅遊觀光大使，讓世界看見臺灣的美好，更讓臺灣之美成為轉動觀光與經濟發展的最佳動力。

謝謂君

交通部觀光局局長

近年來臺灣的會展產業在產官學各界共同努力之下，在國際舞台上已逐漸占有一席之地。在眾多推手中，葉理事長泰民觀念新穎、高瞻遠矚，不時提出具體建言。本書收錄諸多國際推動會展先進觀念與作法，值得細讀。

江文若

經濟部國際合作處處長

我國長期以出口帶動經濟成長，會展產業即是國家形象與產業推廣的重要櫥窗，會議及展覽是專業與產業資訊交流的重要平台，或廠商展示宣傳介紹產品與服務之行銷利器。舉辦國際會議能促使國際技術、文化、學術與產業之交流合作，而國際展覽則可促進商務活動與技術交流，達到接單的機會外，進而帶動相關產業技術之提升與轉型。因此，近年許多國家紛紛以推動會展產業為達到經貿提升的目的。

2009 年 10 月總統府財經諮詢小組選定會展產業為未來十大重點服務業發展項目之一，接續行政院院會通過臺灣會展產業行動計畫，顯見政府對會展產業之重視及推動決心。臺灣經濟研究院有幸在國家推動會展產業之際，執行經濟部商業司「提升會議展覽服務業國際形象暨整體推動計畫」、國際貿易局「MEET TAIWAN 會展推動辦公室」以及「爭取國際會議來臺舉辦計畫」，並協助高雄市政府成立「高雄會展辦公室」，更成立了全國第一個產官學研所組成的「高雄會展聯盟」及「高雄國際會議大使」等，以智庫立場提供中央與地方政府以及 NGO 與企業界共同推動會展產業之各項策略作法，希冀達成國家與城市行銷之目的。

美國總統歐巴馬最後一次國情咨文，強調「不要補貼過去，要投資未來」，這句話可能更適用於現在的臺灣，臺灣需要「投資未來」的計畫。政府不能只做補助，而是應成立國家級的投資公司來帶頭投資。十年前的德國，也面臨財政困境、產業空洞化、勞動市場扭曲；總理梅克爾上任後，2006 年啟動「創新」與「投資」，從社福經費中整合出 250 億歐元基金，開始投資未來產業，的確帶動德國的翻轉。臺灣若能成立國家級的會展推動組織來做為國家的窗口，兼負國際行銷、業務推動的角色，帶頭爭取國際會展活動，必能創造更多商機，帶動產業的發展。

本書中所倡議：成立公私合夥的「城市行銷組織」，實為此一概念相當好的切入點。結合公部門的財力與資源、私部門的動機和效率，讓產業負責投資城市的整體行銷，實現「使用者付費」的概念；組織成員可以延聘國際的專業經理人和業務團隊，導入私部門的聘僱、管理模式與薪資制度，以績效為導向，避免繁文縟

節的行政程序，將可實際帶進大量且優質的國際會展活動到臺灣，以期提升國際形象與帶動經濟發展之功效。

「會展」所能帶動臺灣的面相非常廣，願此書的發行能賦予相關單位全新的視野，帶出積極作為，讓會展經濟成為臺灣產業的「新藍海」。

龔明鑫

臺灣經濟研究院副院長

早年因參與臺北國際會議中心籌備工作，與葉泰民理事長認識甚早，並知道他自 1991 年創辦「集思國際會議顧問公司」以來，25 年來全心投入臺灣會展產業的發展與茁壯，對作育臺灣會展產業人才也不遺餘力，葉理事長將多年經驗與見聞出書嘉惠大眾，這是好事，樂為之序。

觀光產業涵蓋領域甚廣，會展產業是其中重要的一環。尤其是參加會議、展覽或員工獎勵旅遊為目的的旅客，大多屬於社會經濟地位較高，在住宿、餐飲、會前會後旅遊等方面要求較多，對臺灣來說，達成外來旅客訪臺 1,000 萬人次目標後，臺灣觀光產業需要追求「質」的提升，會展產業可結合臺灣的軟硬實力，除了可創造商機，會展旅客可以比一般旅客更深刻體會、認識一個國家或城市的歷史、文化與科技的進步，達到行銷臺灣及主辦城市的目的，這是臺灣觀光質變所需要的。

臺灣觀光協會主辦臺灣美食展、ITF 臺北國際旅展及海峽兩岸臺北旅展，一直以來精益求精，力求創新與國際化，深知會展產業要茁壯並帶動觀光發展，人才是不可或缺的。葉理事長出書傳承自己多年來在會展產業中的見聞及建言，相信對政府及有志於會展產業的人，都有所幫助。

賴瑟珍

臺灣觀光協會會長

會議展覽活動在先進國家已經有相當長久的發展歷史，但是它被視為一項服務性產業則是近 20 年的事。邁入 21 世紀之後，更多國家及城市將會議展覽產業（簡稱會展產業或 M.I.C.E. 產業），做為城市行銷及帶動觀光發展的策略性產業，積極推動發展。我國也在 2002 年推動的「挑戰 2008：國家發展重點計畫」中，將發展會展產業列為重點工作之一，並責成經濟部主政擬訂計畫推動發展。本校中華大學也在 2007 年成立觀光學院時，設立全國第一個觀光與會議展覽學士學位學程（現為觀光與會展學系），以培育會議展覽專業人才。如今，不但政府及業界重視會展產業，各大學也紛紛開設會展科系或課程，投入會展專業人才的教育。

本書作者葉泰民先生早在 1985 年就投身會展服務業之工作，並於 1991 年成立了集思會議公司，是我國會展服務業的先驅之一。同時他也積極參與國際會展組織之活動，目前是國際會議協會（ICCA）的亞太區分會的主席，也是我國會議發展協會的理事長，非常關心也熱心臺灣會展產業的發展。

他的第一本大作《轉動城市行銷力》是以全球宏觀的角度，引徵各國際城市推動會展產業的成功經驗，從實務面深入探索臺灣會展產業的出路，並針對臺灣 M.I.C.E. 市場的行銷提出務實有用的建議。筆觸間字字誠懇，充滿對會展業的熱愛，以及對臺灣這塊土地深情的關懷。這是一本不同於時下坊間所見的會展相關書籍，非常值得大家一讀，特此推薦。

蘇成田

中華大學觀光學院院長

城市行銷創新主張

葉理事長是一位充滿活力、熱忱與理想的領導型人物。泰民兄多年來積極努力地建構系統化、組織化以及效率化的途徑,推動會展行銷,把臺灣的好傳揚世界各地。他深信惟能藉由臺灣這塊土地上的創意與生命淬鍊後的真誠,方能落實「行銷臺灣、體驗臺灣」的懸念。

本書在結構上共有五章,分別說明其寫書之動機、闡釋會展產業及行銷之見解、剖析城市行銷的未來發展趨勢、整合全球典範訪談紀實以及寫給臺灣等精彩篇章所結構而成。其間,展現泰民理事長在推動會展產業之心路歷程、城市行銷的創新主張、未來城市發展永續經營之前瞻、全球會展典範城市成功經驗之洞見,以及對推動臺灣會展產業之建議與期許等核心理念。全書以打造在地特色,接軌全球的主軸思維,並整合轉動城市行銷原動力之鏈結予以貫之,剖析深入而一氣呵成。同時,也深切感受到葉理事長對臺灣這塊土地的款款深情,真誠地流露於書中的字裡行間,著實令人感動與敬佩。

會展產業的影響力是綜合性的,它結合經濟、政治、社會、文化等核心效益,已成為全球最具指標性的產業,惟對此產業之體系論述並不多見,而能以臺灣及所在城市為核心之會展行銷著作更是難得。是故,集思會展葉執行長泰民兄此新書之出版,定能為日新又新的會展產業注入一股嶄新的啟迪力量,嘉惠學子而福澤同儕,故樂為序推薦。

前國立高雄餐旅大學校長

過去 20 幾年來，Jason 努力地在會展專業上，為臺灣找出連結世界的可能。這本書記錄了 Jason 在會展專業的智慧結晶，道出會展產業如何能透過公私合夥的概念，打造城市品牌與行銷。

國內有關會展產業的專書並不多見，更少從城市行銷的觀點探討會展產業的功能與價值。本書提供了一本有系統、理論與實務兼具的會展書籍。尤其難得的是「全球典範訪談紀實」，以大師對話方式，深入淺出地探討會展實務與城市行銷的重要課題。您可窺得外來觀點給我們「他山之石，可以攻錯」的啟示，也可看到 Jason 務實觀點的專業解讀。最後，本書以反饋角度思考臺灣該如何透過「公私合夥」來發展會議產業，迎接國際友人，連結世界舞台。

Jason 長期以「行銷臺灣，體驗臺灣」的熱情，投入會議專業的發展，也為臺灣會展產業的推展，貢獻卓著。他認為能夠吸引全世界的人來臺灣是每個人都可以做的一件「好事」；而我認為這本書能為莘莘學子開啟通往會展產業一扇窗，更是一件「好好事」。Jason 的筆法簡明易懂，您也可以抱著看小品的心情來閱讀這本書。它除了可以帶領學生進入會展學習的殿堂之外，更可以為其拓展會展實務的國際視野。

曹勝雄

國立嘉義大學觀光休閒管理研究所特聘教授

隨著臺灣在國際貿易、休閒旅遊、產業科技、服務創新的發展益趨成熟，在目前國際緊密交流的大環境下，會展產業的健全發展已成為未來推動臺灣經濟成長重要的新興產業之一。有鑒於此，政府亦提供各項資源，積極推動國內會展產業。例如：會展產業需要更多人才的投入，國內各大專院校紛紛開設會展課程或成立相關科系以為因應，期能培育更多生力軍，進入此一行業。

國際會議與獎勵旅遊活動，是各種產業發展的重要推手，除了可讓臺灣與國際社會連結外，更可創造諸多的產業發展，包括休閒觀光、餐飲、交通、場館等相乘之經濟效益。一個城市若能成功吸引國際會議前往召開，不僅可以獲得廣大的經濟利益，更可因國際精英人士的互動交流，激發創新火花，進一步帶動城市產業發展。

葉泰民先生是我在中國文化大學觀光事業研究所任教時的學生，其當時初創集思國際會議顧問有限公司，在上課時泰民頭腦清晰、思路敏銳、經常在課堂上展現其對會展特有的熱誠與深入見解。加上其為人熱誠、性格直率，主動積極，留給本人深刻的印象。其碩士論文題目是「臺北市發展國際會議觀光之潛力研究」，當時就對臺北市發展國際會議提出許多的寶貴建議，例如發展會展應注意到專業服務、政府支援、城市形象、交通便利、安全友善環境等，其與本書許多的地方不謀而合。

葉君畢業後，我們經常保持聯絡，我個人舉辦過數個國際會議，經常請他提供專業技術的奧援，也在許多不同場合見他風塵僕僕，為臺灣會展之發展而貢獻心力。近年他擔任中華國際會議展覽協會理事長，榮任國際會議協會（ICCA）亞太區理事，在國際間致力於行銷臺灣，試圖將臺灣城市與世界作緊密連結，本人至為感佩。這本書的問世，其實是他多年致力於會展行銷，走訪世界各國城市，參加國際會議協會，拜訪各個城市會展組織負責人的紀實，是希望將自己二十餘年

的會展經驗彙集成冊，分享大眾，讓臺灣更有概念加速推動城市行銷，致力把臺灣的美好推廣給全世界。欣逢葉理事長的《轉動城市行銷力》付梓之際，很高興特為之序。

李銘輝

醒吾科技大學觀光餐旅學院院長
中華觀光管理學會理事長
經濟部會展小組委員

臺灣的觀光教育從原本的旅運管理、旅館管理、休閒管理到餐飲管理,這 20 年來百花齊放,也反應整個臺灣社會的變遷與觀光產業的發展。「會展管理」是近十多年來學術界最新的發展,可謂觀光產業的 4.0 版,結合了各項觀光的資源,加上知識經濟、產業發展多重的面向,為城市帶來更深遠的經濟層面的影響。景文科技大學是臺灣北部觀光領域的重要學府,自然也要為臺灣培育出更多會展的優秀人才。葉泰民執行長集學理與豐碩實務經驗之大成,以前瞻的眼光,撰此專書,闡述會展轉動城市行銷,並運用其豐沛的國際人脈,訪談具有指標性的國際會議城市代表性人物,勾勒出會展發展的藍圖,帶給臺灣會展發展諸多的啟示,個人有機會搶先拜讀,受益良多,本專書嘉惠讀者,且為莘莘學子開了另一扇全球視野之窗!

洪久賢

景文科技大學校長

中華國際會議展覽協會葉泰民理事長，同時也是集思會展事業群執行長與國際會議協會亞太地區教育召集人，集結他 20 多年的會展經驗出版此書，提出了行銷臺灣，應從打造「城市品牌」開始。如何在全球化與都市化的浪潮下，營造出獨特的城市風格，將有助於城市的「集客經濟」，而會展產業就是轉動城市行銷的著力點。

近年來，M.I.C.E 導向的旅遊市場興起，豐富了旅遊的內涵，結合了「體驗經濟」和「知識經濟」，城市文化隨之產生質變。因應全球競爭，城市行銷組織（destination marketing organization，簡稱 DMO）的存在日益重要。葉泰民理事長為此訪問了 ICCA 執行長馬丁・瑟克、GainingEdge 創辦人蓋瑞・葛林姆和 Sool Nua 執行合夥人派崔克・狄蘭尼，分析城市行銷的大趨勢。又實地訪問諸如墨爾本、馬來西亞、新加坡、舊金山、倫敦、維也納、哥本哈根等成功帶動城市集客效應的全球典範。歸納出一個重點：轉動臺灣行銷力，關鍵在組織。

相對於鄰近國家，臺灣雖然軟硬體設備已健全到位，但始終沒有成立常設或專職的城市行銷機構。這對於城市長期的發展而言，十分不利。所以葉泰民理事長強調政府的資源與支援，是不可或缺的要素。透過中央帶頭與地方政府的配合，上下其力擬定並實現「會展產業帶動國家發展」的策略藍圖，將打破臺灣觀光產業的侷限，拓展臺灣人才、知識與商機的交流。

閱讀本書，不僅可以發現葉泰民理事長對全球會展產業趨勢的敏銳觀察，更能感受到他愛臺灣的精神，「透過會議連結世界」，是他的夢想，也是我們的心願。誠心推薦此書，希望每個人都能貢獻一己之力，為臺灣的未來盡一份心，成功行銷臺灣，並且永續發展。

林玥秀

國立高雄餐旅大學校長

近年來,臺灣會展產業發展蓬勃,尤其在會議及展覽二大領域雙雙交出亮眼成績。根據國際會議協會(ICCA)統計,2014 年臺灣國際會議以 145 場次躋身亞洲第 4 大會議國,並創下歷年會議場次最高紀錄。依據國際展覽業協會(UFI)「亞洲會展排名」報告,2014 年臺灣計有 5 個展覽館、102 項展覽列入統計,展覽總銷售面積達 77 萬 9,250 平方公尺,展覽數及銷售面積均創歷年新高,排名亞洲第 6。

臺灣在會展產業的卓越表現,仰賴政府、民間業者及產業公協會的通力合作。經濟部國際貿易局自 2013 年委託中華民國對外貿易發展協會執行「臺灣會展領航計畫」以來,積極協助爭取國際會議來臺,在推動地方城市發展會議產業方面更是不遺餘力;而會議業者多年來戮力耕耘,透過辦理國際會議創造經濟效益,提升國際能見度,有效帶動城市發展會議產業。

中華國際會議展覽協會葉理事長深耕業界 20 餘年,見證臺灣會展產業發展,協助將許多重要國際會議帶進臺灣,也積極參與國際活動推介臺灣,是臺灣會議領域具名望的專家之一。葉理事長以其豐富的人脈關係,訪問國際間多位知名的會議領袖,分享會議產業的最新發展趨勢及行銷做法,臺灣各縣市發展城市行銷,本書具有關鍵影響力。

《轉動城市行銷力》是臺灣第一本介紹城市會展行銷的專業書籍,以淺顯易懂的文字引領讀者一窺國際會議的各種面向,提供有意成為會展全方位從業人員最佳指南針,亦為臺灣會議產業注入更多加乘效益。

葉明水

中華民國對外貿易發展協會副秘書長
中華民國展覽暨會議商業同業公會理事長
亞洲展覽會議協會聯盟(AFECA)理事長

推薦序

各位產業先進與讀者朋友：

休閒旅遊業（leisure tourism）行之有年，深受遊客和旅遊目的地嚮往。對遊客來說，休閒旅遊是個人渴望享受的奢侈品。對旅遊目的地而言，休閒旅遊業能創造低就業門檻的職缺與經濟產值，所以世界各地的政府都非常看重。

商務旅遊（business tourism）、會議旅遊及公協會型會議也行之有年，但這個產業仍然得不斷地分析、擴展並證明產業的價值。雖然休閒旅遊與商務旅遊有許多共同的思維與需求，如航班、住宿及在地產品與服務之採購，但基本上兩者接待的旅客身分與其旅行目的卻各異其趣。

從國際會議協會（ICCA）的角度來看，ICCA會員代表了各國際協會型組織的高層與會員，並與其密切合作。各類型的國際協會型組織—— ICCA會員籌辦研討會、會議和工作坊的業主——或從事研究、分享知識、管理會務、拓展業務，或研發新科技，讓我們所在的世界更加進步。他們輪流在各地舉辦會議，乃是為了拓展協會組織的會員數量，以確保組織能了解世界各地有哪些有利於會員的發展與成長趨勢。此外，若有些城市不具備特定研究發展的條件或資源，那麼在此舉辦國際會議，就可為城市或國家創造機會並留下資產。

吸引國際協會組織到一地舉辦會議，有賴公部門與私部門的整合運作。首先要由政府出資挹注城市或國家的會議局，再由會議局與會議中心、飯店、會議場館與會議顧問公司和DMC [1] 等業者緊密合作。這種合作模式，可以確保地方爭取並舉辦國際會議，以嘉惠在地的利害關係人與相關社群。

ICCA每年舉辦國際協會行銷計畫（Association Marketing Programme）、在各區域舉辦商機交流會（client-supplier workshop），以及ICCA年會，分享最佳範例與當今趨勢，讓會員參與學習並分享知識。ICCA會員也可查閱超過6,000個國際協會型組織的歷史會議資料庫（Association Database）。會員可以透過這個便利好用

1　DMC之說明，請見本書第47頁註腳。

的工具從事必要的市場研究、認識某個國際協會組織，並判斷會員所在的城市或國家是否符合該組織研討會或年會的舉辦條件。

ICCA 會員彼此之間坦率的合作，讓資深會員和新成員都能開拓現有基礎，並促進有助於會議產業社群的知識分享活動。

所以，雖然休閒旅遊產業還是讓人感覺比較有趣好玩，但會議產業（Business Event）卻為在地旅遊業增加更長遠的價值與就業機會，因為每一位會議與會者在當地的消費較高，且會議可以為國際協會組織所在的專業領域留下歷史定位。

身為 ICCA 現任主席，我想在此表彰葉泰民先生在會議產業內的成就，並鼓勵他繼續推動發揚 ICCA，以嘉惠亞太區域內的公協會會議市場與 ICCA 會員。

妮娜・福瑞森－普利托里奧斯

國際會議協會主席

Dear Industry Colleague and Readers,

Leisure Tourism has been around for some time and not only captured the imagination of individuals but also destinations. For the individual leisure tourism has been an aspirational luxury and a goal to look forward to enjoying. Whilst from the destinations point of view it has the ability to create work with limited entry level skills and economic impact that is taken seriously by governments across the globe.

Business Tourism, Events Tourism and Association Conferences have also been around for many years. However, it continues to be an economy that has to continually explain, motivate and justify its value. Whilst Leisure tourism and Business Tourism share many common threads or needs such as airlift, accommodation and the procurement of local products and services. But the fundamental difference between the two is the profile of the visitor and the reason for their travel or visit.

From an ICCA perspective, our members represent and work closely with the International Association Executive and their members. The varied associations that our members work with to host conferences, meetings and workshops are either working in the field of research, knowledge sharing, management, development and or new technology that can improve the world that we live in. The reason why association host their meetings in varied destinations is to enable the associations to grow their membership base that will ensure that they are aware of developments and growth that will benefit members across the globe. In addition, hosting conferences in destinations that may not have had the privilege or resource to be exposed to certain research or development, the conferences create such an opportunity and potential legacy within that destination and country.

In order to attract international associations to host meetings in a destination it is important that there is a co-ordinated approach from the private and public sector. Government buy in, in the form of supporting the Destinations Convention Bureau whom needs to in turn work closely with the Convention Centres, Hotels, Meetings Venues and local organisers such as PCO' s and DMC' s. This collaborative approach will ensure that conferences are awarded to a destination and hosted to benefit the local stakeholders and community.

ICCA host the annual Association Marketing Programme, various Geographical Client Supplier Workshops and the Annual Congress to share best practices and current trends that members can attend to learn and share knowledge. Another ICCA Member benefit is the Association Database that has access to in excess of 6000 international associations. The database is a go-to tool that allows members to do the necessary research in order to find out about an association and identify if their destinations qualifies or meets the associations criteria to host the conference or congress.

The open collaboration between ICCA members is helpful to both longstanding and new members to grow the existing base and promote knowledge sharing that benefits our community.

So whilst the Leisure Tourism sector still receives the more fun and appealing interest, the value of Business Events has a much longer term impact on the community and job creation, with a greater spend per attendee in the destination and a legacy appeal dependant on the associations field of expertise.

As the current president of ICCA, I would like to congratulate Mr. Jason Yeh on the work that he has been doing within the Business Events sector, and encourage him to continue flying the ICCA flag that will benefit the association market and our members in the region.

Yours Sincerely

Nina Freysen-Pretorius
President, International Congress and Convention Association

過去十年來，城市行銷進入了新紀元，各界普遍明白，會議局及其所爭取的會議，對地方發展整體經濟及知識資本的策略至關重要。於此同時，各地會議局的組織架構、財源模式、策略結盟，以及行銷手法則愈趨多元。葉泰民先生在這本佳作當中，直接訪問了城市行銷領域的意見領袖與頂尖實務人士，清楚剖析複雜的產業樣貌。因此，我推薦所有對城市行銷力感興趣的人，如政界人士、政府要員、觀光旅遊業菁英、會議籌辦專家或學生，都應該閱讀此書。

馬丁‧瑟克
國際會議協會執行長

Destination marketing has entered a new era over the last decade, so that there is now widespread understanding of the vital role played by convention bureaux and the meetings they attract in a destination's overall economic development and intellectual capital strategies. Over the same time, the range of organisational structures, funding models, strategic partnerships, and marketing weapons has dramatically increased. Jason's excellent book aims to cut through and make sense of this complicated picture by speaking directly with the thought leaders and top practitioners in the field, and I recommend it to anyone who has a serious interest in the power of destination marketing, whether they are a politician, government official, tourism leader, meetings specialist or student.

Martin Sirk
CEO, International Congress and Convention Association（ICCA）

1 前言

打通會議產業任督二脈的關鍵，在於城市整體的行銷策略與高
效率的推動組織。身為產業的一份子與生活在臺灣的「城市公
民」，我認為自己應該要詳盡地介紹城市行銷組織的做法，並期
待臺灣早日能設立這樣的機構，吸引全世界的菁英人才造訪。

我們總是很積極地向外國人推銷臺灣的美好，迫不及待要讓全世界知道寶島山川壯麗、物產豐隆，科技發達，人情味十足。我們很好客，每當外賓來訪，總是恨不得端出所有小吃美食、帶他們走遍各處名勝風景。我們渴望獲得國際認同，在任何國際排名都力爭上游，寄託每一位「臺灣之光」，不論是麵包師傅、體壇名將、電影導演，人人肩負著光耀臺灣的重責大任。又因為我們無從參與大型官方國際組織，所以每一次在國際場合出現「臺灣」之名，國人都興奮無比。

臺灣千百種好，無庸置疑。但我們如此熱切地推銷自己，唯恐他人不知，是否其實反映了內心的焦慮？如果公部門在國際交流的領域很難發揮，那民間就應該更加努力發揚產業與文化的軟實力，才能繼續讓世界看見臺灣。

臺灣企業過去靠專業代工出口，在國際市場撐起一片天，打出經貿硬實力。如今強敵環伺，低成本優勢不再，許多廠商早已出走，或是繼續削減成本，在紅海市場努力拚搏。政治與經貿挑戰愈是嚴峻，我們就愈寄望一向引以為傲的文創產業，同時尋求知識經濟的突破。過去臺灣做的是「商品外銷」，現在則是要「把有錢的人拉進來」，進而創造商機。能吸引什麼樣的訪客，就能創造什麼樣的競爭力。

但要成功行銷我們的「軟實力」，又談何容易？有什麼方法能夠有效吸引國際消費者來臺，並持續提升「臺灣」作為一個產品的內在價值呢？區域內，臺灣民主、自由、開放與包容的公民社會，是否能進一步創造更多有利條件呢？

為臺灣與所在的城市做一件好事

1988 年，我剛從軍中退伍，憑藉著在大學社團活動的經驗，以及擔任國家建設研究會議的接待人員之經歷，順利地找到一份工作，最主要的職責是安排會員參加世界大會、亞太大會等國際活動。這個機遇使我偶然地踏入會議產業，開啟了我的「會議生涯」。

我在 1991 年創立集思國際會議顧問有限公司，涉足國人非常陌生的「國際會議

顧問」這一行。多年以後，我終於了解公司所做的事情，其實一直是「行銷臺灣，體驗臺灣」，也正是我的熱情所在，想要用這股熱情連結世界與臺灣。

我不知道如果我出生在其他國家的城市，會不會做一樣的事情。或許是臺灣在國際社會中受到太多壓抑，而產生的渴望。渴望別人多了解我們、渴望在國際舞台上不要只做個隱形人、渴望臺灣對國際社會也能有所貢獻，或許這也是追求自我存在價值的方式。

因為多年來服務於會議產業，常常需要幫臺灣的城市爭取國際會議的主辦權，於是「行銷臺灣」自然而然成為使命。另外，生於斯、長於斯，總是希望臺灣的城市能夠越來越好，跟上世界潮流的步伐。臺灣有太多的美好，常常覺得臺灣的「好」應該要讓更多人知道，卻因為我們還不夠了解自己，所以還在練習述説我們的故事，還在摸索如何有系統、有組織、有效率地傳播這塊土地上的創意與生命力。

我的北歐經驗

2002 年 12 月初，我參加國際會議協會（International Congress and Convention Association，詳見本書第 44 頁）在丹麥首都哥本哈根舉辦的 41 屆會員大會，受到許多震撼與刺激。ICCA 年會是全球專業會議顧問公司與會議局的年度盛會，可以説是「會議人的會議」，每年的主辦城市不斷精益求精，力圖在知識內容與參與體驗方面更上層樓。2002 年的年會，辦在以創新聞名的北歐地區，會議形式之豐富多元，自然不在話下。但最令我印象深刻的，是主辦城市藉此機會呈現北歐的知識經濟和創意思考實力。

這一屆年會的主辦城市雖然在丹麥，卻不吝惜一起推廣鄰國瑞典的特色。主辦單位邀請了暢銷書《放客企業（Funky Business）》的瑞典籍作者諾德斯壯（Kjell Nordstrom）演講。諾德斯壯的演講生動精彩，令人茅塞頓開，佳評如潮，甚至讓哥本哈根會議局（Wonderful Copenhagen，詳見本書第 178 頁）決定此後每年贊助 ICCA 年會一場「哥本哈根講座」。

圖 1-1　2002 年 ICCA 年會備受全球會議業界肯定與傳誦，丹麥的創新與軟實力成功行銷全球。圖為丹麥首都哥本哈根。

大會會場雖然在丹麥，但茶敘時間卻四處播放瑞典知名樂團 ABBA 的歌曲，可見丹麥的主辦單位並不計較。膾炙人口的 Dancing Queen、The Winner Takes All、Mamma Mia 在會場飄盪，讓人回憶起奔放的 80 年代，似乎也為 11 月間寒冷陰暗的北歐帶來陽光與熱情。

丹麥與西邊的瑞典，彼此只有一水之遙。哥本哈根市和瑞典的馬爾默市（Malmö），中間隔一條松德海峽，開車一個鐘頭以內即可抵達。會議中某一場晚會，便移師到馬爾默舉行，是另一個兩國合作的案例。由於種種創新的設計與完美的現場執行，這一屆的 ICCA 年會備受全球會議業界肯定，在與會者傳誦之下，丹麥的創新與軟實力成功行銷全球。

圖 1-2　2002 年 ICCA 年會主辦城市雖在丹麥，卻不吝惜一起推廣鄰國瑞典的特色。圖為瑞典首都斯德哥爾摩一景。

圖 1-3 　圖為 2015 年 ICCA 年會茶敘交流時間。

圖 1-4 　國際會議不僅可帶給城市短期的經濟價值，更帶來知識和機會，激發創新、帶
　　　　動產業，吸引更多人才造訪或居住。

少長咸集，群賢畢至

十多年前我在北歐受到的啟發，種下了一個種子，導引我不斷思索臺灣行銷自身的出路。我們的好山、好水、好人情，其價值如何才能最有效地實現，成為臺灣軟實力發展的墊腳石？我們要如何更進一步發揮自身獨特的文化條件，吸引國際創意與商務人才造訪，進而促進國際消費、投資、貿易及學術發展？有沒有什麼方法，讓臺灣能夠成為國際軟實力的要角，可以穩定地累積知識資本，打造國家與城市的品牌形象？

珍・雅各（Jane Jacob）所寫的《偉大城市的誕生與衰亡（The Death and Life of Great American Cities）》中描寫的理想城市，因為符合「人的尺度」，所以沒有太長的街廓，街道設施對行人相當友善。從 A 點到 B 點，可以有很多種路徑選擇。城市沒有明顯的「區域劃分（zoning）」，住商混合使用，所以一年 365 天、一天 24 小時都有人活動。街道的店面由不同業主經營，每個業主都會主動、細心地維護門面，於是街廓治安相對安全。城市人口集中，住家 500 公尺內就具備了豐富的生活機能，各種需求容易獲得滿足。

這樣的城市其實不難找，根本就在臺灣，就是高雄、臺南、臺北，甚至是樂活卻不失便利的花蓮與臺東。我們的家園除了宜居、創意、幸福，其實也有充分的條件發展為世界級的知識經濟城市。

我認為，國際會議、獎勵旅遊等活動，就是連結臺灣的美好與知識經濟的橋樑。一個城市若能成功吸引國際會議前往召開，不僅可以獲得短期的經濟價值，更可因國際精英人士帶來的知識和機會，激發創新火花、帶動城市產業發展，吸引更多的創新活動與人才造訪甚至居留。

理查・佛羅里達（Richard Florida）所著的《尋找你的幸福城市（Who's Your City?）》一書中，描寫了幾座精英薈萃的超級明星城市，都是名列前茅的「會議城市」。他歸納了幸福城市的五類特性：人身安全與經濟安全、基本服務、領導力、開放程度，以及美學，也都是城市在爭取國際會議時必備的條件。

投身會展產業 20 多年來，我愈發相信國際會議就是催化地方知識經濟的觸媒。放眼全球，成功例證不勝枚舉。不論發達國家或開發中國家、東方或西方、一線都會或地方小城，都爭相舉辦會展帶入商務遊客。遠道而來與會、參展的國際產學菁英，不僅嘉惠了觀光旅遊業者，其相對較高的消費能力，也創造在地文化和深度旅遊的商機，更別說提高了本國產學的國際能見度和商務交流契機。

城市行銷的原動力

然而，發展會議產業並不簡單。全球化的城市競爭當中，各個「城市品牌」迭出奇招，行銷戰略日新月異，甚至互結聯盟發揮綜合效益。過去，城市可以靠名勝風景、低廉物價、交通地利或大手筆的硬體投資贏得會展的主辦權，如今則必須積極運籌帷幄，才能打敗競爭者取得主辦權。愈來愈多的城市則投資於會展「內容」的創新，與產業、學術界共同擬定議題，在資訊氾濫的年代，精心設計令人難忘的現場知性體驗。

打通會議產業任督二脈的關鍵，在於城市整體的行銷策略與高效率的推動組織。各地政府投入愈來愈多的心力，和會議業者採取「公私合夥（public-private partnership）」的模式，一方面走出去「做業務」，積極運作爭取會展或大型活動的主辦權，另一方面則整合當地的公、私資源，精進活動的品質。在世界各地，這樣的工作通常是由「城市行銷組織（destination marketing organization）」推動，很多城市則成立公私合夥的「會議局（convention and visitor bureau）」整合所有的工作。此種城市行銷的規模與複雜度不斷增加，城市行銷組織也日益受到政府重視。

身為產業的一份子與生活在臺灣的「城市公民」，我認為自己應該要詳盡地介紹城市行銷組織的做法，並期待臺灣早日能設立這樣的機構，吸引全世界的菁英人才造訪。

圖 1-5　我們總是很積極地向外
　　　　國人推銷臺灣的美好。
　　　　圖為清水斷崖。

你我所在，就是臺灣之光

臺灣人總是擔心自己不是國際社會的一份子；總是憂慮孩子不具備「國際化」的視野和能力；有外賓來訪，總是熱情洋溢；聽洋和尚念經，總是認真學習。或許很多人以為國際交流是不可強求的機遇，但其實未必。

不論直轄六都，或是特色小鎮，其實都有絕佳的機會成為高品質的國際品牌，讓國際商務客登門體驗最美的風土與人情，除了帶來消費力，也促進文化與知識的雙向交流，同時鼓勵地方呈現最好的硬體與服務。我們或許會發現，臺灣之光不假他人，就在你我共同生活的城市當中。

行銷臺灣，其實你也可以加入。出國旅遊時，順便推銷臺灣的美好，同時盡力展現國人守法、守禮的素養，甚至是利用個人的專業成就與人脈，爭取國際會議或交流活動來臺灣舉辦。長此以往，聚沙成塔，人人都可以為臺灣做一件好事。

或者你可以支持、催生一個有效率的專業公私合夥組織，加速轉動城市行銷的原動力。

2 轉動城市行銷力

本章由城市品牌談起,以業界的角度分析會議和展覽產業的不同面貌與效益,並舉例說明會議產業的全球競爭,再聚焦介紹城市行銷組織的功能與經營管理模式,最後比較歐、美、亞等地城市行銷組織的差異。

01 ——— 城市品牌與集客產業

城市品牌與其價值

以下幾種情境，是否似曾相識呢？

你在國外旅行，和外國友人（甚至是路人）小聊兩句，對方便問起你來自哪裡。你很驕傲地說你來自臺灣，訝異的是對方居然知道臺灣在哪裡，你也許會因為遇到知音而感到高興，或是懷疑對方可能是萬中選一的地理博士。但，你卻答不出這個問題：「喔！你是臺灣人啊！我沒去過那裡，臺灣是一個什麼樣的地方啊？」

你任職於外商公司，常常疑惑為何臺灣分公司得聽命於鄰國的辦公室，且升遷和流動的機會總是比較少。前幾天主管告訴你：「德國總部正在考慮設立第二個亞太區辦公室，初步評估之後，認為臺灣條件不足，因此選了吉隆坡。」

你是一間本土工程公司的業務，負責國際貿易和行銷，最近決定和一群中部的供應商共同舉辦一場活動，招待大客戶，展示新的整合技術，希望能多敲定幾筆訂單。你想就近在臺中舉辦，但主管認為：「臺中這幾年建設發展得很好，但我不確定歐洲貴賓會不會喜歡。我們是不是還是把活動辦在臺北比較好呢？」

這些情況，相信讀者並不陌生。臺灣的經濟高度倚賴貿易，國際廠商和買主往來絡繹不絕，愈來愈多人除了需要聯絡外國客戶，還得常常接待外賓，甚至舉辦商務活動。或許是我們好客，或許是愛面子，送往迎來之外，我們總是努力讓對方多喜歡臺灣一點，期待對方發現臺灣的美好，為之讚不絕口。另一方面，若得知自己的國家或城市，在他人眼中不盡理想，難免會感到失落，甚至是不甘心。

一般人對某些地方多少有些既定的「印象」，這就是地方的「品牌力量」，有些人會因此造訪這些嚮往的城市及景點；或是基於某種理由必須前去某地時，必定感到特別興奮，因為可藉此機會多了解當地特色。這種品牌力量，對地方居民來

圖 2-1 2015 年 ibtm world 展覽中，德國各城市的品牌一齊在德國「國家」會議品牌的框架下展出。

圖 2-2 2015 年 IMEX 會議暨獎勵旅遊展中，臺灣參展代表著原住民服飾，推廣臺灣的品牌意象。

2-1
2-2

說看似遙遠，實則息息相關，尤其在當代高度全球化、都市化的環境下，「城市」的品牌可激發廣泛的倍數效益，帶動觀光、知識、經濟、文化等各層面的發展，除了能吸引外國企業投資、遊客造訪，更能吸納人才移入、創造工作機會、催化豐富文化，促進城市的「質變」，增加居民的財富，最終型塑居民的榮耀和情感連結。

另一方面，城市品牌也實質驅動了城市的進步，因為除了現居住民，未來定然會吸引更多「潛在市民」移居該城市，財富因城市品牌而不斷累積，稅收當然也會挹注更多，讓城市不斷提升。

我每到一個城市，都喜歡和計程車司機聊天，問他們對自己居住、工作的城市有何看法，藉此了解城市的脈動與凝聚力。有一年在溫哥華，我問一位印度裔的計程車司機，為什麼他選擇在溫哥華落腳？他說溫哥華是一個「安全」的城市。另一次在拉斯維加斯，計程車司機卻回答，拉斯維加斯是全美計程車「生意最好」的地方。在許許多多的談話間，我真實地感受了每座城市的品牌意涵，以及品牌對居民的吸引力。

這種商業模式有別於有形的商品出口，是發展「體驗經濟」和「知識經濟」，將資金與人才帶進地方的「集客經濟」。

當全世界的城市愈來愈相似，各個城市就不免會開始找尋並營造自身特色、打造獨特的城市品牌。在全球化的浪潮下，城市可以吸引到什麼樣的資金、人才長期停留與短期造訪，便決定了這個城市的全球競爭力。

若以訪客停留的時間劃分，可以吸引訪客達一年以上的「長期集客」活動包括：發展區域營運中心、教育事業、宜居城市、國際企業和組織設立總部等；一年以下的「短期集客」則如發展觀光、文化節慶、大型活動、運動賽事、民俗節慶、醫療觀光、農業自然體驗等，以及會議展覽活動。整體而言，經濟、觀光、文化、教育、體育等部門，都可以是集客產業的重要推手。

其中，最受城市和國家關心的，是如何匯集具有高附加價值的「客」，也就是國際商務客。政府若能以滿足國際商務客需求為目標，改善基礎設施、提升軟實力，就能夠推動城市邁向國際，打造獨特的城市品牌。

02 ——— 會展產業大行其道

打造城市品牌的著力點

如前所述,建立、經營城市品牌是一大學問,有賴各界的研究和努力,範圍幾乎無所不包,從交通運輸等基礎建設、自然人文的觀光名勝,到教育、醫療、文創等特色產業,甚至是藝術、運動的發展,在在影響居民與訪客的印象與期待。塑造城市品牌猶如百年樹人大計,必須多管齊下、長期耕耘,或許無法收到立竿見影的效果,但持之以恆必能開花結果。有鑑於此,許多城市紛紛投入發展具有「集客」效應的產業,鎖定為特殊目的造訪的國際專業人士和知識菁英,而非一般走馬看花的觀光客,這也是本書討論的主要範疇。

M.I.C.E. 說分明

近年來火紅的「會展產業」,無疑是最好的著力點。會展產業從 2000 年起在臺灣和全球各地興起,成為各國政府極力推動的經濟活動。到底會展產業是什麼?是指會議、展覽,還是活動或文化節慶?

會展產業,其實不是單一產業,而是包含企業會議、政府與公協會型會議、獎勵旅遊、大型活動、運動賽事和展覽的一個產業群集。無論以何種形式推展,其共同點都是為了讓愈多、愈優質的訪客來到城市,且停留得愈久愈好。有些歐美國家統稱其為「商務旅遊(business event)」市場,但近年來,M.I.C.E. 這個說法更貼切,也愈來愈被廣泛接受,每個字母代表不同的面向:

M,企業會議(meeting):主要是以解決商業問題為目的,包括企業內部的管理相關會議、企業舉行的教育訓練、或是為了行銷及業務需求而舉辦的,諸如此類會議的人數、地點均由企業自行決定。決策的期間短、流程簡單,考量重點通常是差旅成本和需求,因此相對彈性較大,但常隨著經濟景氣、市場變化而改變。決策者會考慮舉辦地點對與會者的吸引力、交通方便程度,以及是否能拓展企業市場、連結產業要素。

圖 2-3　1998 年臺北市主辦國際地方政府聯合會的「世界首都論壇」，屬於地方政府間的協會型會議。

I，獎勵旅遊（incentive travel）：通常由公司或組織出資，招待員工或績效突出的業務員甚至是客戶，以直銷、汽車、保險、醫療等產業為大宗，部分是傳統產業為經銷商所舉辦的。獎勵旅遊從頭到尾都要為貴賓營造特殊的「尊榮感」，創造獨一無二的驚豔，例如快速核發簽證、禮遇通關、歡迎標示、交通管制、享有使用古蹟或特殊活動場地優惠，往往有賴公部門釋出資源並協助，才能在許多細節上令旅客賓至如歸。

C，官方與公協會型會議（convention）：英文 convention 一字原意為條約，意即要透過會議達成具有法律效力的共識。所謂公協會，就是學術或產業的公會、協會、學會等專業的非政府組織團體，如牙醫師公會、中小企業協會、運輸學會、律師公會等。其中，醫學會的會議因為數量很大，所以自成一個類別。另外也有聯誼型的會議，如扶輪社、青商會、獅子會等，這些組織內部會固定一地或輪流舉辦定期會議。時至今日，多數公協會都加入區域或國際性的組織，例如國際中小企業大會聯合會、東亞運輸學會等。

公協會型的會議通常輪流在不同城市舉辦，所以不同國家的城市之間存在著競合關係。城市是否擁有相關的專業人士且長期參與該會議組織，足以影響有決策力的國際人士，也是贏得會議主辦權的重要關鍵。最容易成功的方程式，是由「公私合夥的會議局」配合「會議大使（與該國際組織有深厚關係的專業人士）」聯手出擊爭取。

臺灣外交處境艱難，不容易舉辦政府間的官方會議，但是公協會組織卻是生龍活虎，可惜政府從來沒有好好地整合、推動，協助臺灣的公協會在國際間發揮更大的影響力。

E，展覽（exhibition）：泛指推廣貿易的商業展、消費展、藝文展覽、博覽會，如臺北國際自行車展、臺北花博等等，也有人主張大型博覽會（exposition）、活動（event）或「盛事慶典」也包含其中，因而可以連結到文化、農業、觀光等其他範疇。

圖 2-4　2012 年美國特色食品協會（NASFT）於舊金山舉辦的冬季特色食品展。

圖 2-5　2015 年於臺北市舉辦之亞太急診醫學會，屬於協會型的醫學會議。

本書所談的「展覽產業」，主要是指促成買賣交易的「商展（trade show）」，包括企業對企業（business-to-business）或者企業對消費者（business-to-customer）的商展。其他主題性的展覽，例如以販售門票、銷售周邊商品為主題的大眾展覽，則不在本書討論範圍。

集客產業中的每個類別各有其機遇與限制，有些需要可觀的先期投資，城市之間必須激烈競爭，脫穎而出之後還要大興土木建設硬體設施；有些生意則是以量取勝，城市必須有足夠的胃納量才能消化；有些則是零和市場，若一地已搶占先機，其他城市就難以瓜分市場。

公協會型會議和獎勵旅遊的籌備門檻相對低，參與者的消費能力相對強、活動規模相對彈性，較不受觀光淡旺季和景氣榮枯限制，且因為會議以固定的頻率輪流舉辦，所以各地方都能公平爭取。相比之下，企業會議沒有固定規則，而政府間會議的舉辦地點，往往牽涉複雜的國際政經情勢，不是地方或民間力量足以影響的。為方便讀者明瞭，本書接下來所討論的，以及「會議產業」的指稱對象，主要是公協會型會議和獎勵旅遊。

圖 2-6　2016 年臺北市政府舉辦之全球自行車城市大會，由世界各地的縣市政府輪流爭取舉辦。圖為大會閉幕
　　　　式時，臺北市長柯文哲將象徵大會主辦權的信物交予 2017 年主辦城市——荷蘭的安恆（Arnhem）與
　　　　奈梅亨（Nijmegen）兩位市長。

會議與展覽，是不是同一件事？

值得進一步釐清的是，雖然「會展」已經成為普遍名詞，但「會、展」到底是
共同的行業，還是兩個不同的產業呢？

我認為「會議」和「展覽」，兩者大不相同。就以展覽和會議的競爭規模與特色
兩相比較，前者有如力士摔角，強力者勝出；後者有如螞蟻雄兵，以量取勝，且
希望能細水長流。展覽需要很大的展場空間，但任何地方都可以開會，甚至只要
利用閒置的空間就可以發展展覽市場。此外，由於公協會型會議習慣到不同的城
市開會，使得會議成為「競合」市場。展覽的商機雖然也相當可觀，但因為展覽
多數依存於城市特色產業聚落和市場規模，且固定於交通方便的某地舉辦，給中
小型、後起的城市樹立了先天的進入屏障，因此成為「零和」的市場。

廣義地說，會議產業強調「內容」，是一種「知識經濟活動」，注重知識的交換
與經驗的交流。會議產業在本質上是個「競合遊戲」，通常會在不同的城市輪流
舉辦，城市之間有競爭也有合作。也就是因為輪流舉辦，只要城市行銷做得好，

圖 2-7　會議產業注重知識的交換與經驗的交流。圖為 2014 國際會議協會年會運用會議科技軟體，
　　　　快速交換名片。

隨時都有可能吸引國際會議的買家探詢。會議的規模（與會人數）不是決定會議
存續的主要因素，「內容」才是吸引與會者的主要原因。會議的生存王道，是必
需能創造出網路無法取代的「互動性」。

會議產業不只為城市的經濟貢獻，最主要是能藉此打造接待國際專業人士的環
境，以建構具有全球競爭力及特色的城市，讓更多的國際人才造訪，並且結合特
色產業的發展利基，營造城市獨一無二的建設發展策略。城市所要思考的不只是
如何「競爭」，更重要的是發展自己的特色，同時能夠結合其他鄰近的城市，創
造出區域合作的力量，也就是一種「競合關係」。

更進一步言之，會議其實是促進專業人士彼此「連結」的場合。在這個資訊爆
炸、訊息交流與傳輸無秒差、無邊界的年代，會議提供難得的見面機會，創造虛
擬世界無可取代的面對面接觸與情感連結。甚至能讓全國、全世界的專業領袖齊
聚一堂，像是搭起知識菁英匯聚的比武擂台一般，可以激發創新、促成重大決策
或變革，留下影響世人的歷史定位。

展覽的目的在於促進「銷售」，是一種貿易行為，是個「零和遊戲」，贏者全拿。如果一個國際商展無法維持在世界排名前三名，前景就非常堪慮了。在展覽的世界裡，大者恆大，贏者通吃，很難維持「小而美」的生存模式。能夠讓展覽保持領先的原因是「市場」及「產業聚落」，比如德國兼具這兩項利基，所以成為展覽強國。

臺灣目前成功的國際展覽，都是得利於「產業聚落」，如電腦展、半導體展、自行車展、遊艇展、扣件展等。至於「市場規模」，由於臺灣一直無法打造如新加坡的東南亞交易中心，或 20 年前期望的亞太營運中心，因此面臨嚴峻的挑戰。

話說回來，既然會議產業可以「集客」、塑造城市品牌、激盪知識創新與決策，且各地都可以爭取，甚至每個城市都可成為會議城市，那麼各個城市必然要積極做好行銷和業務的工作，才能成功爭取國際會議的生意。

圖 2-8　臺灣目前成功的國際展覽都是得利於「產業聚落」。圖為 2014 年於高雄舉辦之臺灣國際遊艇展。

03 ——— 會議產業的全球競爭

申辦與競標的戰術與戰略

對多數的民眾和組織來說，「開會」應該是工作中的家常便飯。但是籌辦一場數百人、甚至數千人的會議，可能是人生難得的機遇。有些教授、醫師窮一生之力取得了專業領域的無上成就，當上了學會的理事長，便開始思考能否在臺灣舉辦一場國際組織的年會，一來要為臺灣爭光，二來想替自己留下歷史定位，三則透過國際會議促進知識或產業交流發展，發揮更大的影響力。政府主導的會議活動也是如此，臺北市在 2000 年舉辦了世界資訊科技大會，下一次主辦，已經是 2017 年了。另外一例則是臺北市主辦的 2016 年全球自行車城市大會，會期落幕後，恐怕十年之內臺北市都不可能舉辦相同的會議。

螞蟻雄兵的力量

這些「一次性」的公協會型會議，看似是不規則的單一事件，然而加總起來，每年一座城市竟可舉辦多達數百場國際會議，成為全球各城市的關鍵指標。每年 5 月，國際會議協會（ICCA）都會公佈全球各城市前一年的排名，所有的城市行銷的相關人員都神經緊繃、屏息以待，名次進步則舉杯同慶，名次落後就得準備如何面對民意代表質詢。國際會議協會排名已經成為國際城市多項評比的指標，例如英國都市發展學者葛雷格・克拉克（Greg Clark）在其多本論述城市競爭力的著作中，都將此排名列為重要參考數據。

國際會議協會認定之「國際會議」的標準為：定期舉辦、至少輪流於 3 個以上的國家舉辦、且與會者人數在 50 人以上者。根據該組織統計，臺灣在 2015 年共舉辦了 124 場國際會議，在亞洲排名第 7，名列全球第 33，國際會議與會者總人數達 48,173 人。整體看來，竟是個不容小覷的「產業」。國際會議參加者直接帶來的報名、運輸、住宿、餐食等消費收入，以及會議主辦單位付出的場租與各項服務開銷，其實相當可觀。有學者概算，會議旅客的消費力是一般觀光客的 2 至 3 倍，所以會議產業每收入 1 元，就會創造 9 元的相關產值。2014 年臺灣

舉辦的國際會議與會者總人數將近 53,000 人，粗估總產值達百億新臺幣以上，而且都實實在在地嘉惠國內商家與從業人員。

表 2-1　2015 年全球國際會議協會場次排名

排名	國家 / 地區	場次	排名	國家 / 地區	場次
1	美國	925	21	波蘭	193
2	德國	667	22	墨西哥	184
3	英國	582	23	阿根廷	181
4	西班牙	572	24	新加坡	156
5	法國	522	25	捷克	154
6	義大利	504	26	希臘	152
7	日本	355	27	泰國	151
8	荷蘭	333	28	挪威	144
9	中國	333	29	芬蘭	141
10	加拿大	308	30	哥倫比亞	138
11	巴西	292	31	印度	132
12	葡萄牙	278	32	愛爾蘭	125
13	韓國	267	33	臺灣	124
14	奧地利	258	34	智利	118
15	澳洲	247	35	馬來西亞	113
16	比利時	216	36	香港	112
17	瑞典	216	37	匈牙利	112
18	土耳其	211	38	南非	108
19	丹麥	204	39	祕魯	105
20	瑞士	194	40	阿聯酋	101

資料來源：國際會議協會統計資料庫

因此，產業生態系中，包括主管機關、航空公司、飯店業者、會議中心、會議顧問公司各方，都是從整體產業的角度出發，思考如何有效率地在國際間吸引各個獨立的、一次性的公協會型會議，「購買」某一國家或城市，作為會議舉辦的地點。

國際會議產業的業務特性之一，是主辦單位很少重複在某地開會，所以在購買前，沒有第一手經驗可以參考，購買後短期內也很難反悔（意即改地點或解

臺灣近十年國際會議場次與人數

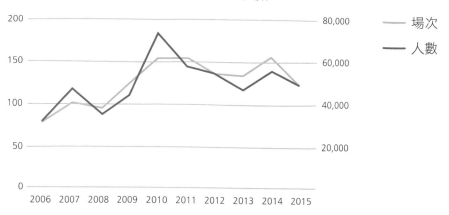

	2006	2007	2008	2009	2010	2011	2012	2013	2014	2015	場次
場次	76	105	99	127	158	156	139	136	160	124	1,280
人數	29,206	46,011	34,547	42,847	73,999	57,062	53,522	45,853	55,272	48,173	486,492

資料來源：國際會議協會統計資料庫

圖 2-9　臺灣近十年會議場次與人數。

約），且下次購物已不知是何年何月。其次，消費者（也就是國際組織）是否購買，決策過程也難以量化或採理性分析，不能單靠比價或產品測試決定，而是仰賴許多主觀的判斷，且通常是由少數人士投票表決。

爭取會議業務的遊戲規則

一般而言，國際組織會在預定會議時間的 3 到 8 年前決定主辦城市，好讓該城市有時間妥善準備。至於國際會議在何處舉辦，大致有三種決策方式，依複雜程度低到高分別為：輪流、直接決定與申辦競標，端視國際組織的傳統和規章而定，和會議的規模、產業沒有直接關係。

輪流者，通常有行之有年的順序表，例如今年在東京、明年去首爾、後年來臺北，一輪又一輪地反覆；雖然有時城市間會彼此協調、對調順序，但大致上有跡

可循，無須競爭。直接決定者，就是由國際組織的總會，如世界藥學會，總部的專責人員自行物色、洽談、勘查合適的主辦城市，再與當地的分會或組織商討意願，但決策權基本上由總會掌控。最後，也是最複雜的，就是國際組織採取公開徵求的方式，開放各國家或城市分會「申辦」，且若有兩名以上的申辦者，彼此就要「競標」主辦權，然後由國際組織的秘書處直接決定，或理事會投票表決。

國際會議主辦權申辦、競標的模式，也常見於大型的獎勵旅遊案件。而國人較熟悉的，則是大型運動賽會與活動，像是奧運、花卉博覽會的主辦權等等，都是令人血脈賁張的競標大戰，各城市無不全力動員，王室、影星、政府首長都要奉獻心力贏得主辦權。國際會議的競標其實也不遑多讓，過程往往困難重重，在在考驗有心舉辦的人；如何爭取，且聽我細說從頭。

群策群力的競標戰

就舉我服務的「國際會議協會（International Congress and Convention Association, ICCA）」的實際案例說明吧！ICCA 是採取會員制的國際性非營利組織，會員來自會議產業相關領域，包括國家級的主管機關（可能是會議局、觀光局等）、城市行銷組織、會議顧問公司、會議場館業者、飯店、航空運輸業者、會議科技或其他服務提供者等等，目前有 1,000 多名會員。理事會（Board of Directors）掌握組織運作的決策權力，功能類似一般公司的董事會，差別在於 ICCA 理事彼此的權力均等，且沒有股份。ICCA 有 15 名理事，由會員之間以地區、產業為別選出。已經具有理事身分者，可以競選主席，由所有會員在大會中投票決定。ICCA 總部設在荷蘭阿姆斯特丹，由一名執行長馬丁‧瑟克（Martin Sirk，詳見本書第 44 頁）帶領十多名全職員工，負責各種會務、舉辦區域聯誼會、教育訓練等活動。

ICCA 每年 11 月間舉辦一次年會，照例由歐、亞、北美、拉美、中東及北非等地區的城市輪流主辦。過去幾年的主辦城市為德國萊比錫（2011）、波多黎各聖胡安（2012）、中國上海（2013）、土耳其安塔利亞（2014）、阿根廷布宜諾斯艾利斯（2015），馬來西亞古晉將舉辦 2016 年的年會，接下來是捷克布拉格（2017）、阿拉伯聯合大公國杜拜（2018）、美國休士頓（2019）。會員參與相當

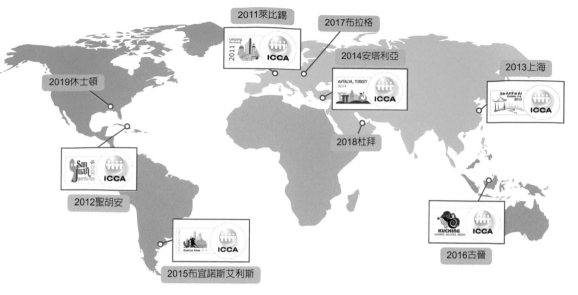

圖 2-10　國際會議協會近年舉辦城市。

踴躍，彼此交換產業情報、結盟合作，並聆聽前輩的分享，也邀請其他領域的專家演講，例如心理學家、經濟學家、社會公益倡導者等等。

ICCA 年會既是會員之間學習、聯絡的場合，也是各會議城市宣傳行銷的大好機會。本書中所訪問的組織或城市，都善用了 ICCA 提供的場域，推廣自身的行銷策略與成果，而新興的後起之秀，也希望藉由這個場合讓世界看見。而 ICCA 年會的主辦城市，更能藉年會之便大出風頭，讓全球同業深入了解地方的特色與產業優勢。因此，凡是具備主辦年會基本條件的城市，無不期望有一天能取得主辦權。ICCA 年會的主辦權，彷彿成了會議產業的「聖杯（holy grail）」。

臺灣的高雄市也想爭取 ICCA 年會的主辦權。高雄近年來積極充實各項軟硬體建設，十餘年來由傳統的重工業城市，蛻變為生態、宜居城市。尤其在大高雄縣市合併後，更是全臺灣人文、景觀、產業最豐富的城市，從黃色小鴨、世界運動會、遊艇展到 2013 年亞太城市高峰會、2015 年港灣城市論壇等國際活動的舉辦，創造亞洲新灣區與國際同步發展的最佳平台，成為與國際接軌的世界級港灣城市。作為一個年輕的會議地點，高雄希望以自身的軟實力與故事行銷力，爭取 2020 年 ICCA 年會的主辦權。

要爭取一場會議的主辦權，可不是件容易的事，首先當然要有人鼓起勇氣帶頭往前衝，這個例子是由高雄市政府下定決心投資；而在其他的案例中，可能是由中央政府機關、地方政府、學術機構、專業公會或協會等組織發起。不論是由誰發起，都得先說服領域內的重要利害關係人，取得一致的支持。若是在公部門，自然少不了各級機關之間折衝妥協；在私部門或學術界，當然也需要進行許多溝通。

好不容易取得國內共識後，接下來就是一連串的備標工作了。根據 ICCA 的規則，高雄市政府需在 2016 年一定時間內正式遞交意願書與競標書，包括編製詳盡的預算，然後接受 ICCA 理事會特定成員的輔導。ICCA 總會的執行長將於 2017 年春天來高雄勘查場地與環境。2017 年年中，15 名理事會成員將自所有的申辦城市中

圖 2-11　高雄希望以自身的軟實力與故事行銷力，爭取 2020 年 ICCA 年會主辦權。圖為高雄展覽館。

選出 2 至 3 個城市進入決選，最後在 2017 年底的 ICCA 年會，邀請進入決選者對理事會做一場簡報，結束後立即由理事投票決定 2020 年年會的主辦城市。

根據情報，荷蘭鹿特丹、日本橫濱、中國澳門等地也有意爭取 2020 年 ICCA 年會的主辦權，如此一來，戰情便自然由同額「申辦」升高為國際「競標」，局勢頓顯複雜。雪梨和橫濱的觀光吸引力、會議經驗和國際行銷的能力素來強勁，且有各地的會議局全力協助，可以說是來勢洶洶。

初步分析戰局後，高雄市政府決定擴增團隊能量，一方面與經濟部貿易局會展專案辦公室合作，多方整合經濟部、交通部觀光局、外貿協會、市政府等中央及地方政府資源，匯聚南部地區與澎湖等各縣市，觀光旅遊及特色產業的支持能量；另一方面也邀集國內會展產業、觀光領域學者專家組成研究團隊，同時仔細製作競標文件。此外，除了要絞盡腦汁呈現「檯面上」的競標書與現場簡報，最好能端出嘉惠 ICCA 多數會員的牛肉，安排「檯面下」的拜票行程，並鞏固票源……但請容我在此打住。

之所以講了以上這麼一段故事，只是想以此例簡單說明爭取國際會議主辦權的流程，從凝聚內部共識，到國際行銷和業務策略與執行，可說是相當耗費財力、人力的專案工作，需要不同的利害關係人高度整合、綿密溝通，才能取得最佳效果。此外，國際會議的競爭對手可能來自亞、歐、美、非等洲任何一個城市，且決策單位（如理事會）也是由國際人士所組成，所以競標團隊要打的也是國際行銷和業務戰，要考量國際議題、文化差異、地緣政治等等要素。自限思維的井底之蛙，很難在國際標案脫穎而出。

總而言之，爭取國際會議可能是曠日廢時、所費不貲的一門投資，主事者必須有決心和毅力組織架構，細膩操作，才能挺進到最後關頭，贏得主辦權。整個過程絕對需要堅強的團隊支撐，很難憑一人或一個組織完成。正因如此，才催生了本書的主角──世界各地的「城市（國家）行銷組織」，負責為城市或國家的會議產業服務，專門研究、接洽全球有機會爭取到的國際會議，對內則協調、統合產、官、學的能量並輔導產業發展。

04 ——— 公私合夥的城市行銷專責組織

兼具行銷與業務能量

前述的例子，是由一個地方的產業或政府機關發起，申辦或競標一場已知的國際會議，可以説是由下而上的努力。另一方面，世界上還有無數個領域的國際組織或買家，在尋覓下一個舉辦會議的地點，但各地的產、官、學界未必知道這些訊息。這時若有一個組織能做為城市或國家的窗口，一方面負責宣傳地方的特色和優勢，另一方面主動出擊，蒐集、分析潛在的國際買家，接著積極洽談申辦機會，或取得「邀標書（request for proposal）」，帶頭爭取國際會議，便會創造更多商機，帶動會議產業的發展。

圖 2-12　DMO 是國際買家了解一個國家或城市的首要窗口，提供全面的資訊與諮詢。圖為 2015 年 IMEX America 德國館。

這種組織在國際間泛稱 destination marketing organization，簡稱 DMO，中文還沒有相稱的譯名。中國大陸稱之為「目的地行銷組織」，但我認為「城市行銷組織」較為合適。雖然有些 DMO 是為整個國家的會議產業服務，但多數 DMO 還是以城市為單位。DMO 是個廣義的稱呼，實際上，許多 DMO 的正式名稱為 convention bureau（會議局）或 convention and visitor bureau（會議旅遊局，簡稱 CVB），甚至是 convention and exhibition bureau（會議展覽局），差別僅在於負責業務的範圍大小。不過，儘管 bureau 在中文習慣譯為「局」（本書也如此處理），儼然是公部門的一個局處單位，但其實會議局不見得是公家機關，而是公私合夥的非營利組織，由會議相關業者和政府一同組成，而各種營運的模式，正是本書要探討的重點。接下來，請容我以「城市行銷組織」代稱國家和城市的 DMO。後面篇章中的訪談文章，也會視各地 DMO 的正式名稱，使用「會議局」的名稱。簡言之，不論名稱為何，意思都是相近的。

DMO，或是城市行銷組織，一般的任務大致如下：

- 讓國際買家了解國家或城市的首要窗口，提供全面的資訊與諮詢，讓客戶快速了解大量訊息。

- 做為正式、專業的行銷組織，從會議主辦單位及與會者的角度，推廣地方的會議設施、學術資源、特色產業、觀光旅遊等特色。

- 經營地方會議相關業者的關係，扮演政府與業者橫向聯繫平台的角色，整合運輸、住宿、場館、餐飲、休閒、顧問服務等業者。

- 蒐集產業數據、整合統計資料，提供相關的技術支援予國際買家、業者、主管機關參考。

- 和產學公協會與會議顧問公司合作，準備製作申辦競標書、買家場勘及現場簡報，以及籌畫爭取會議所需的「針對決策者」遊說作業。

- 搭起業者和政府間的橋梁，溝通政策、協調資源、改善法規、申請補（捐）助等。

- 秉持中立的原則，以透明的程序為客戶提供地方的「產品」介紹，如飯店、場館、餐飲、顧問服務的供應商。

圖 2-13　DMO 必須從會議主辦單位及與會者的角度，推廣地方特色。圖為 2015 年 IMEX Frankfurt 冰島館之說明會。

除此之外，愈來愈多城市行銷組織開始向不同的維度延伸，開發創新的「內容」，有些甚至肩負投資、留遊學市場的行銷工作。例如，針對正在爭取會議的公協會，或是已經決定在該地舉辦會議的主辦單位，思考連結產學的契機為何、創造有趣且有效的會議形式、發想周邊行銷活動等等，逐步成為主辦單位的大腦與手足。本書訪談的專家，都是城市行銷組織的沙場老將，除了長期經營城市行銷、組織管理、國際競標、產學關係，也努力耕耘創新的內容，因此能帶領其組織在國際競爭市場雄踞一方。

城市行銷組織的濫觴

儘管「開會」這件事由來已久，政治、外交、商務、研討等會議似乎與人類文明一樣久遠，但有組織、有制度與規模的公協會會議，19 世紀後才開始在歐美定型，城市行銷組織更是近代的產物。研究者普遍認為，史上第一個有系統的城市行銷組織，誕生於 1896 年的美國底特律。當年 2 月初，一位名為米爾頓．

圖 2-14　DMO 需秉持中立原則，將地方的「產品」與供應商推介給客戶。圖為 2015 年 IMEX Frankfurt
　　　　南非館的洽談情形。

卡麥克（Milton J. Carmichael）的記者，在《底特律新聞（Detroit Journal）》上
發表了一篇文章，建議地方商家聯合起來，一起把底特律行銷成一個「會議城
市」，吸引各行各業的人來此舉辦會議；他認為如此一來，底特律便有望在來
年舉辦 200 至 300 場會議。他的建言立刻奏效，當月中，底特律商會、製造業
行會便聯合成立了「底特律會議與商務人士聯盟（The Detroit Convention and
Businessmen's League）」，卡麥克順理成章成為首任秘書長，並在第一年努力跑
遍全美，旅行了 17,000 英里，四處宣傳底特律是「全國最美麗的城市，居民爭
相在門前歡迎陌生訪客」。他的努力獲得豐厚的回報，果真為底特律爭取到超過
300 場會議！

此後 50 年，全美各城市爭相設立城市行銷組織，名稱及型態各異，或稱會議
局，或稱城市公關局，或稱會議推廣委員會等，讓城市行銷組織與會議產業成
為顯學。推波助瀾的原因，包括製造業勃興，公協會如雨後春筍，激勵會展需
求；鐵路發展，縮短旅運成本；還有會議秘書（即當今的會議顧問公司）協會

成立，各城市分享會議訂價與與會者行為等資訊，及各地積極推動的會議專業倫理等等。

福特（Robert C. Ford）與皮普爾（William C. Peeper）於 2008 年出版了《城市行銷組織管理（Managing Destination Marketing Organization）》，作者在書中回顧，二次世界大戰後，縱使有旅館協會唯恐喪失價格競爭力而大力反對，紐約市還是率先開徵 5% 的「旅館住房稅（bed tax 或 room tax）」，以此基金投注於會議產業的基礎設施。開徵前期，紐約的會議生意確實被芝加哥和周圍的小城市搶走。1955 年，拉斯維加斯也開始徵收 3% 旅館稅以興建會議中心。到了 1970 和 1980 年代，各地終於紛紛跟進，以此稅收挹注產業發展。此外，1980 年代後都市更新蔚然成風，會議中心、旅館的基礎建設快速發展，讓會展產業創造了許多就業機會與商機。[1] 美國的會議產業與城市行銷的發展，也是在此時陸續傳到歐洲、亞洲。

城市行銷組織的管理模式

根據福特（Robert C. Ford）與皮普爾（William C. Peeper）整理，全球的城市行銷組織大致上有四種模式：

1. 非營利、公私合夥的會員制：約占所有城市行銷組織的七成。由會議產業的主要利害關係人如政府單位、旅館協會、在地商會等指派代表組成理事會，並招募會議產業相關公司行號加入會員，繳納會費。此種公私合夥的模式，英文即由 public（公部門）、private（私部門）、partnership（合夥）三個字組成，其開頭字母的三個 P，就是組織的根基。

   目前國際間的研究和業界觀察普遍認為，公私合夥出資比例為 6:4 或 7:3，能發揮最大的效益，並確保資金充足且合理使用。此外，在公私合夥的體制下，理事會可以延聘專業經理人管理城市行銷組織，並維持專業與中立性。

1　詳見 Managing Destination Marketing Organization（Ford & Peeper, 2008）

2. 政府機關：隸屬於中央或地方政府的機構，直接或間接受命於民選首長，約佔兩成。

3. 隸屬商會：由商會等組織成立、管理的機構，約佔 5%。

4. 依專門法律而成立之行政法人、基金會等其他模式。

美、歐、亞組織的本質差異

城市行銷組織發源自美國，逐漸傳至歐亞，在不同的政治和文化環境中，衍生出不同的模式。和美國相比，歐亞城市行銷組織的規模、資金來源與特別的營運活動各異其趣。

首先，因為美國的城市行銷組織除了服務會議產業，通常也要推廣大眾觀光，故許多組織都稱為「會議旅遊局（convention and visitor bureau）」，員工人數與組織預算龐大，遠較歐洲的會議局為多。歐亞的會議局通常是觀光旅遊行銷組織的附屬機構，只聚焦於會展產業，人數和開銷精簡得多。而歐亞的城市行銷組織服務範圍通常止於行銷與業務，不提供會議執行相關服務。美國的城市行銷組織則兼顧企業會議與公協會型會議，其他國家的組織則專注發展公協會的生意。美國的會議規模大、數量多，飯店胃納量和會議中心的容量也大，並非歐亞可以比擬。上述幾點，均是造成規模差異的原因。

有趣的是，由於美國國內的會議市場已經夠大，有足夠的主辦單位和與會者，因此國內的城市行銷組織向來不太在乎國外買家，也不投注心力於吸引「國際會議」。但是，這個傾向近年來略有改變，讀者可以從本書訪談文的舊金山的一節中嗅出端倪。

其次，美國的城市行銷組織多仰賴「旅館住房稅」挹注行銷與業務活動，而其他國家則沒有這個制度，通常是靠政府的預算支撐，輔以地方會員繳交的會費。結果是：美國的旅館住房稅金額可觀，且生意愈多，收得愈多；其他國家所得到的政府資金為定額，故行銷資源較受限。又美國的飯店旅館業者很在乎，城市行

銷組織如何運用住房稅以促進產業發展；其他國家的組織，則較關心會議中心的生意狀況，但會議中心卻常是由政府營運，在沒有利多誘因下，導致城市行銷組織不太努力尋覓或擴充財源。此外，歐亞等地的城市行銷組織，常常得指望其高層說服政府或觀光主管機關提撥更多預算——後面篇章的訪談文中經常提及此事——但預算畢竟是相對固定的金額，不直接受業績影響；美國的組織則因為來自一定「比例」的住房稅，所以資金隨業績波動。

最後一點，美國的城市行銷組織除了做行銷和業務，也投注許多心力協助已經簽約的客戶，安排會議相關的後勤服務；歐亞的城市行銷組織在爭取到業務後，普遍就不協助後續事宜，而是讓客戶選擇會議顧問公司（professional congress organizer）承辦會議執行的相關業務。後面的訪談文中，歐洲的受訪者們將一一說明其組織如何以透明、公平的流程，有效轉介生意給會議顧問公司或其他供應商，例如輪流推薦業者等，但這種作風在美國可行不通。除此之外，美國的城市行銷組織還要兼顧經營大眾觀光，所以必須研擬品牌策略，而歐亞的組織因為只專注於會展產業，所以不太涉入城市品牌的定位與經營的決策。

雖然長久以來，二者間的差異明顯，但是近年來隨著訊息流通頻繁、市場競爭，歐美亞的組織間開始互相仿效，已不能一概而論。讀者可以仔細比較本書收錄的訪談，體察全球主要會議產業如何組織、行銷與經營。

05 ——— 城市行銷組織的機遇與挑戰

時至今日，城市行銷組織已遍地開花，在激烈的全球競爭之下，各城市不斷尋思如何轉型與突破，以追求更高的效能。藉中華國際會議展覽協會舉辦「城市行銷策略發展研討會」之便，很高興能在本書付梓之前，邀請到國際城市行銷組織協會（Destination Marketing Association International，簡稱 DMAI）執行董事保羅・奧梅特（Paul Ouimet）先生，來臺北介紹其主持的 DestinationNEXT（意譯為「城市行銷下一步」）研究計畫，並與來參加的會員深入討論臺灣的條件與限制。奧梅特先生同時也是國際會議協會的策略顧問，我們是舊識，我把握他離臺前的兩個鐘頭，請教他全球各城市行銷組織的現況與變局，兩人相談甚歡，他傾囊以授，毫不藏私。

為了紀念 DMAI 成立 100 週年，該組織於 2014 年初啟動 DestinationNEXT 研究計畫，以問卷訪談 327 個城市行銷組織和 34 家會議產業企業，涵蓋 36 國，全

圖 2-15　DMAI 執行董事保羅・奧梅特（Paul Ouimet）。

面瞭解各組織現況，並找出適合不同類型組織永續發展的策略和作法。2014 年中，研究團隊共統合歸納出 64 個趨勢，總括求得 49 個可發展的機會。2015 年中時，研究團隊發表了一份最佳範例指南（Practice Handbook），以分析案例的方式，介紹成就獨特的城市行銷組織實際作法。

奧密特先生首先摘要敘述在城市行銷組織眼中，現在的觀光旅客對旅遊目的地的期待重點，如期望享有個人化的旅遊體驗、體驗在地生活方式、縮短確定旅遊計畫時程、便利的網路下單、短程旅遊和迷你假期等等；同時可以看出同儕足以影響購買意願。另一方面在會議市場領域，城市行銷組織面臨的趨勢包括來自新興城市的競爭、航空業提供優惠吸引會議活動、會議主辦單位選擇較低成本的地點、補（捐）助增加、會議結餘收支必須透明、政府跨部門的整合與經濟發展目標更形重要，以及諸如能源、金融與醫療產業的改革影響了該領域的會議預算與規則等等。

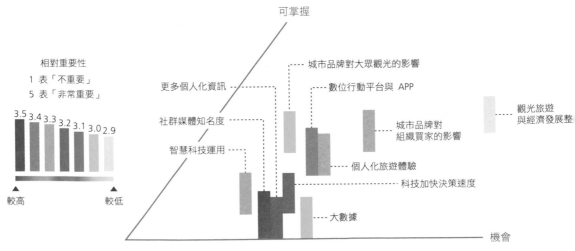

城市行銷未來趨勢分布圖

圖 2-16　根據 DMAI 調查，城市行銷組織認為未來「可掌握的機會」及其重要性。

DestinationNEXT 篩選出 20 個主要趨勢，依照各個趨勢是否可以掌握，以及對於城市行銷組織是否為機會（抑或威脅），在二維座標平面上的四個象限標出各個趨勢的相對位置，同時以顏色註記各趨勢的重要性。其中最受矚目的當然就是「可掌握的機會」了，如圖 2-16 所示。

DMAI 也詢問各城市行銷組織，自認是否會在未來 5 年內改變組織架構及營運模式。整體而言，預期將有愈來愈多的組織會轉型為公私合夥或非會員制的非營利組織，如圖 2-17 所示。

接著，奧梅特先生說明 DestinationNEXT 如何以「情境模式分析（scenario model）」為不同的城市行銷組織分類。根據問卷統計，影響城市行銷組織最大的獨立變項有二：城市/國家之品牌強度（strength of destination），以及社群參與的程度（community support and engagement）。前者意指，城市或國家目前在市場上的相對位置、品牌強度、航班數量、服務品質與基礎設施。後者則是該地

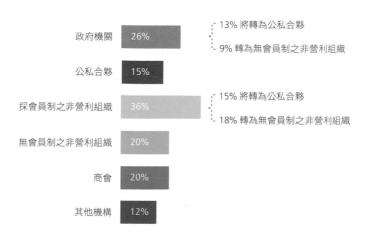

新的商業模式

預期在未來 5 年內改變商業模式之城市行銷組織

政府機關　26%　｛ 13% 將轉為公私合夥
　　　　　　　　　9% 轉為無會員制之非營利組織

公私合夥　15%

採會員制之非營利組織　36%　｛ 15% 將轉為公私合夥
　　　　　　　　　　　　　　18% 轉為無會員制之非營利組織

無會員制之非營利組織　20%

商會　20%

其他機構　12%

圖 2-17　各類型組織中，未來 5 年可能會改變組織架構與營運模式者之百分比。

政治人物的支持、區域支持、各社群對觀光旅遊業貢獻的理解程度，還有會員的滿意度等。依照這兩個變項之強弱，可得知各城市行銷組織的相對位置，然後分為拓荒者、航海家、探險家、登山家等四種類型，如圖 2-18 所示。四種類型的定義大致如下。

拓荒者型組織：已經實現了產業願景，且持續讓在地社群和市場積極參與、獲取新知。航海家型組織：具有願景，且受在地社群託付努力實現。探險家型組織：需要具啟發性的願景與主動的在地社群。登山家型組織：已經實現了某些願景，但因為缺乏社群參與，所以還未充分實現潛能。

那麼對於航海家、探險家和登山家而言，要如何才能成為拓荒者呢？奧梅特先生表示，根據 DestinationNEXT 的研究歸納，城市行銷組織有許多方式可以更上層樓。有些作法可以增強城市 / 國家的產品強度，有些則可以促進社群參與，有

城市行銷組織/會議局的現實狀況

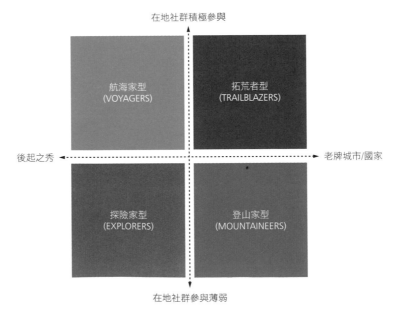

圖 2-18　各城市行銷組織 / 會議局依據該城市 / 國家之品牌強度與在地社群之參與程度，可歸為四類。

些甚至得以一箭雙鵰。所有的作法又包括以下兩種層次：尚未普及的未來趨勢（NEXT）、目前市場上的最佳範例（BEST），如圖 2-19 所示。

奧梅特先生的深度剖析令我嘆為觀止。DestinationNEXT 的研究規模、方法與成果，為全球會議產業少見的成就。我一方面感動於 DMAI 為產業投注的研究心力，另一方面則欽佩該組織樂於與世人分享研究成果。最重要的是，這些兼具質性與量性的分析與建議，恰似一盞明燈，為身在臺灣的我們點亮了全球會議產業和城市行銷的未來方向。我也很高興 DMAI 的研究和我出版此書的動機不謀而合，都希望藉由全球業界的最佳範例，為自己所在的城市和國家找尋出路。接下來的章節，是我過去兩年來深度訪談全球業界的成果，各地的城市行銷菁英分享他們成功的秘訣，讀者諸君不妨對照訪談的內容與此節，相互印證。

DMO更上層樓的關鍵驅動力

NEXT
・引領學習認知變革
・開發大數據潛力
・善用鄰近行銷
・成為社群媒體指揮中心

BEST
・拓展航班
・發展地方特色
・品牌發展規劃
・會議活動補捐助管理
・微型市場區隔
・有機行銷
・和會議顧問公司合作
・觀光發展特區
・普及的 Wi-Fi

NEXT
・實踐公益活動與永續策略
・DMO 整合觀光部門各產業網路
・產業驅動之觀光課程

BEST
・營造地方的歸屬感
・邀請產業利害關係人擔任 DMO 理事
・旅館住房稅挹注
・推動地方運輸改善
・住房稅以外之財源
・策略規劃

NEXT
・發展 DMO 同業協會
・與共享經濟之企業合作
・觀光基礎設施採群眾募資

BEST
・統整地方品牌
・DMO 自辦會議活動
・經濟開發夥伴關係制度化
・會議產業外領域相關倡議
・觀光旅遊發展整體規劃

增強城市/國家之產品強度

促進社群參與

增強城市/國家之產品強度
同時促進社群參與

圖 2-19　城市行銷組織可以透過不同策略與作法，提升自身實力、促進社群參與。

3 城市行銷大趨勢

面對全球性競爭,城市行銷未來的趨勢為何?為了讓讀者更深入理解,我訪問三位會議業界的大師級人物,討論城市行銷組織的經營模式與策略、城市該如何脫穎而出、如何跳脫競標更上一層樓,以及如何促成臺灣的第一個城市行銷組織等議題。

01 ——— 第三波浪潮
創新 X 研發 X 策略聯盟

國際會議協會
執行長｜馬丁‧瑟克
Martin Sirk
CEO, International Congress and Convention Association

▍馬丁‧瑟克

自 2002 年 7 月起就任國際會議協會（ICCA）執行長，一手主導 ICCA 的策略發展，並掌管 ICCA 總部與全球辦公室的運作。就任之後，加入 ICCA 會員的企業與組織數由 600 家激增至逾 1000 家，遍布全球 90 餘國。

自 1989 年一腳踏入會展產業，先任職於英國旅遊局（現稱為 Visit Britain）多個職位，專精國際會議領域，包括創立並領導該局在香港的區域辦公室。曾任 Brighton and Hove 市政府旅遊與會議部門主管，以及倫敦大都會希爾頓酒店會議業務之全球業務與行銷。

▍國際會議協會（ICCA）

創立於 1963 年，為一非營利之貿易組織，是國際會議產業最重要的協會，總部設在荷蘭阿姆斯特丹，另外在馬來西亞、烏拉圭、杜拜、南非、美國設置區域辦公室。ICCA 的主要宗旨是建立全球會議產業社群，協助會員能夠創造並保持競爭優勢。ICCA 本身也是多個國際組織的會員，包括會議產業諮議會（Convention Industry Council）、會議產業協會聯合諮議會（Joints Meetings Industry Council）、聯合國世界旅遊組織（UN World Tourism Organization）、國際協會聯盟（Union of International Associations）等。

圖 3-1　2014 年 53 屆 ICCA 年會閉幕後，國際會議協會全職同仁合影留念。

筆者和瑟克先生是老相識。1991 年 ICCA 阿姆斯特丹年會時，我們同搭一輛巴士。他的身材魁梧，文質彬彬，說得一口優雅的英式英語，儼然是一位紳士。我當時剛加入 ICCA，對組織的人、事還很陌生，他親切地與我攀談，令我備感溫暖。十多年後，瑟克先生就任 ICCA 執行長，同時我開始積極參與組織事務，多年以來，共事非常愉快。

瑟克先生涉獵會展產業大半輩子，且平日頻繁接觸全球的 ICCA 會員，包括各地的城市行銷組織和會展業者，累積了多年的觀察，所以能從宏觀的角度洞見產業趨勢。雖然認識二十多年，每年都在 ICCA 年會與參展時碰面，但還沒有這麼認真談過事情。他得知我計畫寫這本書時，便一口答應受訪，相約在 2014 年法蘭克福 IMEX 旅展[1]上找機會聊聊。身為 ICCA 的執行長，日理萬機，在 IMEX 旅展上更是忙進忙出，本來以為他恐怕忙到沒有時間，但約好的當天居然準時出現在臺灣展館前，令我喜出望外。我在洽談區就拉了張桌椅，稍微寒暄幾句即進入正題，熱切地聽他敘述如何歸納這些年來觀察到的三波「浪潮」。

1　IMEX 為一展覽集團，主要舉辦位於德國法蘭克福的 IMEX Frankfurt 及位於美國拉斯維加斯的 IMEX America 兩大會議及獎勵旅遊展。歷史悠久的 IMEX Frankfurt 每年為期三天，約有 3,500 名專業人士參展，吸引 9,000 名訪客，為臺灣相關政府機關與業界必定參加之商展。

基礎設施 + 大眾觀光

第一波浪潮大約持續到 10 年前,行銷的重點在於基礎設施、結合觀光或文化特色,簡單來說就是靠「基礎設施 + 大眾觀光」吸引會議。基礎設施不僅指顯而易見的會議場館、足夠的飯店旅館,也包括航空業、科技水準、有經驗的在地DMC [2] 等。因為當時許多城市的基礎設施尚未發展起來,所以各城市的行銷特色有明顯差異。

在這段時期,一般人都認為會議產業只是大眾觀光產業下的一個區塊,普遍不了解會議產業的影響力其實很廣泛。此時城市行銷競爭的議題不脫「哪裡有好的會議中心?」、「哪裡有好的飯店?」、「哪裡的會議設施離機場比較近?」、「哪裡有好餐廳?」。從 1980 年代末持續到我於 2002 就任 ICCA 執行長,城市行銷的競爭本質上就是如此。

知識資本 + 經濟發展 + 會議競標

大約 10 到 12 年前,由新加坡、格拉斯哥、哥本哈根、墨爾本、首爾等城市帶頭創新,引領了第二波浪潮,他們運用的觀念時至今日雖然仍不普及,但已發展成熟。這些城市的行銷組織,在策略上開始連結地方大學和優秀的醫學中心,領先建立明確的「會議大使」計畫。此時,城市了解他們必須聚焦於公協會的業務目標,以及這些目標與城市的經濟發展目標有什麼交集。這樣的策略觀念,簡言之就是「知識資本 + 經濟發展 + 會議競標」的總和。

城市行銷組織因此能夠發揮地方的「知識資本」,特別是科學、科技或學術領域的強項,並透過觸角廣泛的「會議大使」計畫,加深與當地大學和個別學者間的互動。同時,這些城市的會議行銷與當地經濟發展組織整合更臻完備——有時採非正式合作,有時則是結構性整合——使會議活動有助於地方經濟,進而加強實現地方訂定的投資目標。

2　DMC 全名為 destination management company。某地的 DMC 主要的服務對象為外地或外國的客戶,其提供之服務包括會議與活動籌辦相關之接駁、住宿、餐飲、語言、接待、技術支援等服務。

圖 3-2　國際會議協會自詡為全球會議產業的創新與實踐者。圖為 ICCA 年會使用的會議科技軟體與設備。

在這個時期，城市行銷組織若要成功，就必須具備強大的會議競標能力，要有策略地連結地方經濟發展或知識資本。當然，基礎設施還是相當重要，但只是競標過程中的一項篩選要件而已，至於觀光或文化特色，則變成了競標提案的「包裝紙」，而不是核心議題。

第三波：超越競標的能力

過去三年來，我看到了「第三波」的城市行銷浪潮。城市除了要有好的基礎設施、觀光特色、經濟發展策略、善於競標，還必須創造活動、組成創新夥伴關係，以及團隊合作。我發現最成功的城市（通常是城市，有時則是國家）屢屢發想出創新的活動，甚至創造可以不受競標遊戲規則限制的夥伴關係。譬如，維也納就和巴塞隆納結盟，雙方不只共同分攤行銷成本，更一起承攬大型會議。這兩座城市現在向大客戶說的是：「這樣吧，我們知道你們不想老是待在同一個地方開會，所以你們就今年在維也納，明年在巴塞隆納。你們只要簽一個合約，用同樣的內容架構和條款，一次就跟兩座城市談。」兩座城市皆致力於運用這種策略，以跳脫你死我活的會議競標戰場。

過去，城市行銷組織偏重經營與產業或學術公協會的關係，而這些公協會卻是各自「壟斷」自己的知識領域。然而，隨著城市之間的競爭愈來愈全面，這種老派的模式已經不管用了。即便第三波浪潮才剛開始，但我已經看到很多例子，足以證明改變正在發生。這波浪潮有以下幾個重點：

其一，創造新的會議活動以跳脫競標廝殺，並負責經營所創造出的資產，然後更積極挖掘在地的知識資本。在這個模式中，各城市開發特定的會議，目的是為發展地方的經濟與學術。過去所能期待的，只是與會者來訪時的消費能夠挹注地方經濟。然而，因為爭取會議投下的時間成本與初始投資太大，光靠與會者一次性的消費，通常不值得付出這麼多心力。

其二，城市之間，以各種有趣的模式進行團隊合作。對某個城市來說，與其他城市合作取得會議主辦權，即贏在起跑點，由於其他盟友已經和公協會或企業建立了關係，所以結盟後，其已建立的信任感即可移轉過來。另外，城市行銷組織也和客戶合作，成為真正的夥伴，幫客戶達成目標，而非只是當個供應商——現在

圖 3-3　城市能否有智慧地運用大數據，將是成敗的關鍵。圖為 ICCA 於 2014 年推出的大數據搜尋資料庫介面。

有愈來愈多企業必須抉擇，到底是要跟客戶成為事業夥伴，或是單純當一個供應商。「事業夥伴」與「供應商」兩種角色的取捨，本身也成為另一種「第三波」的議題。

第三，和客戶一起發掘各城市「到手的生意（business on the books）」的潛在利益，和上一段提到的「事業夥伴」的觀念有關，但目前還沒有什麼有系統的作法（有些城市有一次到位的獲利模式，譬如英國的格拉斯哥）。我深深覺得這些潛在利益，是最有待會議產業開發的資源，若能以全新的模式看待已經到手的生意，就能發掘絕佳的機會，像是新傳媒、新客群、贊助形式的不同選項、各種經營公共關係的方式，以及會議與地方教育目標的連結（例如讓與會的演講者到大學或中學演講）。

在各地政府的組織架構中，會議局從前是觀光局處的下級單位，主要負責競標與籌辦會議相關事務，現在則已經納入城市的經濟發展與品牌部門。這種新的組織結構，讓會議局得以從城市經濟發展戰略的資源中取得投資財源，創造城市自己的國際活動，踏上城市行銷第三波的浪潮。

即便是跟上第三波浪潮的城市，還是必須擅長於競標。只要創新的行銷組織能夠找出符合該國或該市的關鍵領域，他們就會明白不能僅止於研究、追逐現有的會議。這個方面，新加坡在亞洲位居領導地位，他們知道會議局的架構必須符合國家經濟發展計畫。

「新加坡國際水週（Singapore International Water Week，簡稱 SIWW）」創立已有 8 年多，是一個非常有創意的大型會議。新加坡創造這個會議活動不僅只是吸引國際人士與會，更藉此引進國際專業技術人員，協助新加坡的水資源計畫，譬如將海水淡化為飲用水。新加坡同時為此舉辦半程馬拉松和各項比賽，以提升全民對於水源問題的關注。

我還在思考有哪些元素可以納入第三波的城市行銷浪潮，比方說，城市能否有智慧地運用自內部與外部取得的資料，亦即運用大數據（big data）的能力將是成

敗的關鍵。數據愈來愈方便可得，資料多得嚇人，而且只增不減，處理資料的成本則急遽降低，想要因應這個運用數據潮流，老派的城市行銷組織必須具備新的技能才行。

事實上，有人認為第三波變革中最大的改變，就是城市行銷人員需具備不同的技能，因此關鍵點就在於招募並留住新型態的執行人員。

上面談的這些「浪潮」，不是什麼可供選擇的項目，而是城市行銷組織必須經歷的階段。一個地方要是沒有完善的基礎設施、未和會議大使建立好關係、不理解會議與經濟發展間的連結等，就沒有辦法施行第三波的策略。

同理，「價格」和「價值」的比率，在以上所有階段都很重要，不論未來如何發展，都還會扮演重要的角色，只不過角色會改變。例如在第一波浪潮裡，談的是：「哪裡最便宜又最有價值？」；第二波談的是：「我們的與會者投資了時間和金錢，有沒有獲得好的報酬（Return on Investment）？」；第三波談的則是：「我們要如何建立一個創新的風險－報酬模式？要怎麼確保這個會議的影響力，方能有助於長期的投資報酬與知識轉移？」

小結

瑟克先生針對全球會議產業的發展，做了很好的總結，也描繪出未來格局的藍圖。他認為城市行銷組織應跳脫「大眾觀光」的思維，從「知識經濟」開始，進而發展「城市合作」與「會議創新」的整體布局，也才能擺脫會議競標工廠的窠臼，這些浪潮都將帶給城市不同的省思。

城市除了打造國際商務人士喜愛的優質環境外，也要努力辦好每一場會議活動、經營口碑，還要不斷創新，主動開發足以吸引國際目光的會議和活動，才能創造價值。

02 —— 靈活敏捷才能成功
好組織 X 競標工廠 X 品牌同步

GainingEdge
創辦人暨執行長｜蓋瑞・葛林姆
Gary Grimmer, Founder and CEO of GainingEdge

▍蓋瑞・葛林姆

美國人，威斯康辛大學麥迪遜校區英國文學與政治學學士，全球會議產業一代宗師。自 1985 年起先後擔任美國新墨西哥州阿布奎基（Albuquerque）會議局、波特蘭奧瑞岡（Oregon）會議局，以及澳洲墨爾本會議局執行長等要職。曾任國際城市行銷組織協會（DMAI）理事會主席並在 2014 年獲選入名人堂，也擔任過南非國家會展產業策略首席顧問。

▍GainingEdge

於 2004 年創立 GainingEdge 顧問公司，為國家及城市的觀光、旅遊、會展等主管機關提供諮詢服務。該公司同時管理全球最佳會議城市聯盟（BestCities Global Alliance）之運作，現有柏林、波哥大、開普敦、哥本哈根、杜拜、愛丁堡、休士頓、墨爾本、新加坡、東京、溫哥華等城市加入。

更專業、更普及、更成熟

葛林姆： 從 1981 年入行至今，觀察到城市行銷組織出現兩個主要的變化。其一是愈來愈專業，其二是有愈來愈多組織成立，而亞洲增加的數目特別明顯。

城市行銷的市場也改變了。過去，會議產業主要是由地方特色帶動，但地方特色現在已經不是重點。現在帶動會議的，是會議主辦單位的組織目標，也就是公協會想要透過會議達成的目標。主辦單位已經不再問「去哪裡比較好玩？」，而是問「去哪裡可以讓與會者成功地經營事業網路、達成事業目標？」。公協會要去哪邊開會，不再取決於地方特色，重點在於地方能如何幫助與會者做好生意。

另外，由於過去會議選址時看的是地方特色，所以一般人總認為會議產業和休閒相關，是大眾觀光的一環，也有人稱之為「商務旅遊」；衡量產業的績效，著眼點在於與會者在觀光餐旅部分的消費力。如今產業比較成熟了，新的思維變成「不對，與會者住了多少間飯店旅館，並不是最終的目的。」最終目的是要促進貿易與知識的交流。總而言之，會議產業的重點已不再是帶動觀光休閒，已然成為一項促進貿易與知識的產業。

民營和公營組織的差別

葉泰民： 回顧歷史，城市行銷組織是由民間業者發起、主導，像是世界第一個會議局——美國底特律會議局；但現在亞太地區已有許多由政府主導的城市行銷組織。由業者主導和政府主導，兩者之間有什麼差別呢？

葛林姆： 現在有很多民間獨立運作的城市行銷組織，大部份在北美和澳洲，歐洲也有一些，但歐洲多數的城市行銷組織仍隸屬於政府。兩種模式都可以成功，若就現實層面而言，政府單位做事情必須經過審核程序，自然比較花時間。組織要成功一定要靈活敏捷，要能迅速改變，盡量避免被冗長的程序羈絆。「靈敏」和「政府」這兩個字就是不搭，所以最幹練的

城市行銷組織一般都獨立運作。不過，這麼說並不代表在政府體制下就不能建立好的組織，只是政府單位不容易有效率。

城市行銷組織的財源

葉泰民：那麼獨立運作的城市行銷組織，如何獲得永續的資金呢？

葛林姆：北美的城市行銷組織，資金來自專有的「旅館住房稅（hotel room tax，請見本書第 34 頁）」，所以財源充足，效率及幹練度無庸置疑。他們有資源、有人才、有可靠的資金收入，是城市行銷產業的佼佼者。

如果沒有旅館住房稅挹注，組織基本上就要靠政府每年的補助，北美以外的組織多是如此。全世界所有城市行銷組織的資金來源，八成來自於政府；獨立運作的組織也包含在內，他們承包政府的行銷勞務，以獲得政府的資金。

巴西的城市行銷組織倒是完全民有、民營，組織也因為資源有限，使得能力受限。所以，確實有組織因為沒有資源而勉強撐持。

政府的角色

葉泰民：如果政府資助城市行銷組織 50% 以上的資金，應該會想要掌控組織的運作吧？

葛林姆：可以啊，如果政府不希望城市行銷組織靈活敏捷，那就這樣吧！但我想強調的是，如果政府高層擔心無法控制組織，那他們應該明白，只要城市行銷組織讓他們不開心，政府隨時可以撤資，這樣就有控制權了！重點是，政府肯不肯讓組織靈活運作？組織能否提出預算？或者只能接受預算分配？這如同企業的董事會一般，有權拍板定案、掌握企業政策，

但卻授權給執行長，由專業經理人擬定預算，現代化的企業就是如此運作。如果董事會不授權專業經理人擬定預算，那公司就無法幹練有效率，更不會成功。

同理，政府是要掌握政策，然後交由城市行銷組織全權擬定預算，以造就成功的組織；還是要事必躬親，強迫組織遵循所有的政府程序，使其不再靈活敏捷，甚至失去競爭力？城市行銷組織能發揮什麼效能，完全取決於政府的企圖。

組織模式的典範

葉泰民：我知道每一個城市都很獨特，因此很難把新加坡、愛丁堡，或格拉斯哥放在一起比較。話雖如此，您有沒有看過財務結構非常創新的組織呢？

葛林姆：你提到了新加坡。新加坡會議展覽局（請見本書第 100 頁）雖然是政府機關，卻證明了政府也可以成功經營城市行銷組織。星國政府給予充沛的預算，可見得經營效率良否，還是取決於政府管理的模式。

至於比較創新的設立組織模式，我認為丹麥哥本哈根是個有趣的例子（請見本書第 178 頁）。哥本哈根的城市行銷組織「Wonderful Copenhagen」是由民間獨自創立，但得到政府挹注，同時串起不同產業的網絡。Wonderful Copenhagen 就像是一個集團，而哥本哈根會議局是其中一個事業網路。

葉泰民：您說過馬來西亞會展局（請見本書第 88 頁）雖然很新，卻非常成功。

葛林姆：馬來西亞會展局是亞洲另一個模範生，有完善的會議競標流程、會議大使計畫，內部自主運作，諸如業務流程、業者加盟方案、內部管理流程等，都做得很好。馬來西亞會展局本身規劃得很完整，執行計劃周詳，

可以做的事情無一遺漏。他們善於研究、競標，和不同社群與媒體間的溝通能力強，廣告、公關、業務樣樣都好，還有一個活動部門，主要是為馬來西亞策畫會展活動。

葉泰民： 馬來西亞會展局是國營的，他們怎麼能這麼有效率和效能？馬來西亞不像新加坡是城市國家，會展局要如何維持所有城市之間的均衡呢？

葛林姆： 馬來西亞會展局的經營模式還在持續演進。以前，馬來西亞全國只有砂勞越有會議局（Sarawak Convention Bureau），所以馬來西亞會展局成立之初，就是以國家級的規格經營，替全國各地向外爭取活動。另一方面，國家會展局也會和砂勞越會議局分享有成交意願的潛在客戶資料（business lead）。

我認為，再過一段時間，馬來西亞各地將會紛紛成立城市行銷組織，像檳城就已經開始籌備了。等到各城市的行銷組織具備成熟的競標能力時，國家會展局的經營模式可能就不再以競標為主，而改為替各城市準備行銷情報，並提供潛在的客戶資料，由各地自行競標會議活動。通常，一個國家如果沒有地方性城市行銷組織，只得由國家級的組織負責競標。

城市品牌與國家品牌

葉泰民： 城市品牌和國家品牌，兩者間有什麼不同？地方和國家，要採取什麼不同的作法呢？

葛林姆： 就國際會議市場來說，城市品牌比國家品牌重要。辦會議的人，不是選擇在「臺灣」舉辦，而是要在臺北或高雄舉辦，是以城市為單位思考，不是國家。

圖 3-4 ～ 圖 3-6

如果國家有一個整合良好的品牌，結合城市品牌同步發展，團結自然力量大。圖 3-4 為
日本富士山，圖 3-5 為藝妓，都是歷久不衰的日本國家品牌元素。右圖 3-6 為東京舉辦
2020 年奧運會的 logo，充分融合了日本文化的意象。

3-4	
3-5	3-6

不過，如果國家能有一個整合得很好的品牌，對地方可是助益良多；在這種情況下，就城市來說，國家品牌就比地方品牌重要。例如，我們現在正在幫南非推展全國性的品牌，並致力於整合這個策略與各城市的行銷組織，如此一來，所有人就能一起鞏固同一個品牌。每一個城市都可以有自己的品牌，但必須與國家品牌相容。如果國家品牌與地方品牌不「同步」，外界會感到困惑。

再舉一個例子。我們同時也提供日本觀光廳[3]（Japan Tourism Agency）所屬的日本會議及獎勵旅遊局服務，協助七個地方城市行銷組織走向國際。我們告訴他們，如果日本能有一個有力的國家會議品牌，並和各地方充分整合，讓各地的品牌互相強化，幫助會更大。

反之，如果這七個城市各自發展品牌，就會變成七個低層次的品牌，加總的力量不見得很大。如果國家品牌和七個城市品牌同步發展，總共就有八個組織一起經營日本這塊品牌，團結的力量自然大多了。所以我告訴其中一家會議局：「你可以自己坐在這裡搭弓射箭，也可以號召一百個成員套用你的品牌，一起支撐，然後射出一百支箭。你想要孤軍奮戰，還是要百箭齊發？」

同樣的道理，之所以要有國家品牌是因為，很多人一起合作在國際市場拓展同一個品牌時，將可收到綜合效果，而各地方也可藉此發展出與國家品牌一致的「子品牌」。

另外，會展的品牌，應該要以全國大眾休閒觀光的品牌為依歸，畢竟一般人只認識這個品牌，這也是國家花了很多心力打造經營的品牌。會展的「子品牌」不可以脫離觀光品牌，應該與之一致，進而強化主要品牌的力量。

3　日本觀光廳隸屬於國土交通省，是全國觀光事務主管機關，下轄日本國家旅遊局（Japan National Tourism Organization），負責執行國際行銷和宣傳。國家旅遊局又設有日本會議及獎勵旅遊局（Japan Convention Bureau），執行相關業務，並協調整合各城市行銷組織。

競標工廠

葛林姆：話說回來，會議產業成功的國家或城市，都是因為有「競標工廠」。這一行的原則很簡單，如果你不去邀請會議主辦單位，他們就不會來。邀請的辦法，就是去競標。如果不成立競標工廠，總有一天你會發現生意都跑到別處去了。要經營成功的競標工廠，就要有相當數量的專業業務人員。

舉澳洲為例。澳洲這個會議地點又遠又貴，很難銷售，但是他們卻做得很成功，因為澳洲有很厲害的競標工廠。如果臺灣不認真看待會議競標這項業務，就長期來看，會議將愈來愈少。

二線城市出頭天

葉泰民：如果有個二線或三線的城市想發展會議產業，可能會懷疑説：「我們怎麼可能跟東京或首爾這樣的大城市競爭呢？」這些一線大城市似乎享有國家一切資源，他們行銷國家的同時，自然也在行銷自己，那麼其他的中小型城市該怎麼辦呢？

葛林姆：砂勞越就做得很好啊！而且砂勞越絕對是個二線、甚至是三線的小城市。每個地方都可以成功地行銷自己，關鍵在於向誰行銷、如何行銷。每座城市都有合理數量的市場需求，可以依此訂定合理的業務目標。事實上，會議產業目前的趨勢，正是要遠離高成本的一線城市，所以中小型城市自有其機會，這就要看城市行銷組織怎麼定位自己了。

葉泰民：您説的這套理論，也適用像日本福岡這樣的城市嗎？

葛林姆：福岡算是非常成功的日本城市。東京永遠是第一名，但在比較鮮為人知的城市中，福岡可能是最成功的。福岡最近加倍挹注資金給會議產業，

圖 3-7、圖 3-8

每個地方都可以成功地行銷自己，關鍵在於向誰行銷、如何行銷。每座城市都有合理數量的市場需求，可以依此訂定合理的業務目標。圖 3-7 為馬來西亞砂勞越，圖 3-8 為日本福岡，都是會議產業發展成功的二線城市。

| 3-7 |
| 3-8 |

現有預算甚至超越東京。對於努力的目標與原因,地方的會議產業與政府懷抱共同的願景。想要成功,政府就必須要有決心。

投資與補(捐)助

葉泰民:一講到會議產業的投資,大家普遍會想到投資基礎設施,而不投資在城市行銷組織。您覺得呢?

葛林姆:我們一向告訴客戶(也就是聘請 GainingEdge 作為顧問的城市或國家行銷組織):「沒有城市行銷組織,就不要蓋會議中心。」因為客戶希望與城市行銷組織共事。如果臺灣沒有前面提到的競標工廠,就代表沒有城市行銷組織的功能。

現在最大的問題是,多數國家認為會議產業是個大眾觀光的利基市場。但我認為,如果你這樣想,就不會成功。因為會展產業的客戶和大眾觀光不一樣,供給面、經銷管道都不同。兩者除了都使用到餐飲旅館等產品外,其他都不相同。

會議產業的供應鏈更深、更廣,還牽涉到創意知識經濟,大眾觀光就不是如此。會議產業是企業對企業(business-to-business)的產業,而大眾觀光則是商家對大眾消費者(business-to-customer)的產業,兩者完全不同。所以如果用同樣的方式經營,必敗無疑,但 80% 的政府都這樣做,臺灣大概也是如此。

葉泰民:您曾經提過,會議活動的補(捐)助(subvention)是城市行銷組織的死路。是這樣嗎?我倒認為永遠會有城市行銷組織砸錢補助在地舉辦的會議。您怎麼看?

葛林姆：我認為政府補助會漸漸由市場理性決定。五年前，城市就是一股腦兒砸錢爭取會議，幾乎可以說是蠢。但我們告訴客戶：「不要只撒錢，要訂標準！如果花最少的錢就可以把事情做好，那又為什麼要多花錢呢？」除此之外，還要確保補助的時候，收受的單位要對你負責，讓雙方都能受惠。

事實上，我們有協助客戶創造符合市場理性的補助方案。如果你的競爭對手付錢給客戶，以爭取客戶購買他的產品（意即選在該地舉辦會議），這代表你的競爭對手怎麼樣？代表他們很弱！你補助客戶越多，就代表你越弱。所以我認為，假以時日，市場會愈來愈理性。

小結

葛林姆一再強調，不管是何種城市行銷組織，都必須要靈活敏捷，才可為城市帶來生意。至於政府，永遠都是最重要的角色，因為其管理思維與模式，在在影響了城市行銷組織的效能，同時，中央與地方政府必須相輔相成，才能打造國家與城市的品牌。

經營國際會議市場，首先要靠會議局這個「競標工廠」不斷地爭取會議主辦權。其實，早在城市興建會議中心之前，就要先成立城市行銷組織及專屬業務團隊，吸引更多訪客才是長久之計。

葛林姆提示我們，會議產業不只是休閒旅遊和大眾觀光的利基市場。會議產業的供應鏈其實觸及了創意知識經濟。雖然許多城市以補（捐）助吸引國際會議，但葛林姆認為市場終究會回歸理性；與其砸錢買會議，不如把自己的產品做好。

03 ──── 由下而上，異中求同

合作╳情感連結╳破壞式創新

Sool Nua
執行合夥人｜派崔克・狄蘭尼
Patrick Delaney, Managing Partner of Sool Nua

▍派崔克・狄蘭尼

現為城市行銷顧問 Sool Nua 執行合夥人，曾任 MCI Group 副總裁、
Ovation Global DMC 副總裁，以及 Adare Manor Hotel 和 Gold Resort
兩間飯店的副總裁。狄蘭尼曾任 SITE Global 主席，獲獎殊榮包括 IMEX
Personality of the Year 獎、ibtm world 獎、IT&ME 獎、ibtm world
2013 終生成就獎等。他每年主持國際會議協會最佳行銷獎（ICCA Best
Marketing Award）的評選與頒獎，並樂於向 MICE 產業分享他對於城市
行銷的心得，以及設立城市行銷組織的關鍵。

▍Sool Nua

狄蘭尼與夥伴帕德萊克・吉利根（Pádraic Gilligan）於 1994 年起開始
合作，歷經三次品牌（Delaney Marketing、Ovation 以及 Ovation Global
DMC）再造，最後改為目前的 Sool Nua，公司設立於愛爾蘭，專門為
會議產業相關企業與組織，提供教育訓練、行銷與策略顧問服務，其與
IMEX 集團及許多企業有合作夥伴關係。

狄蘭尼熱情洋溢，充滿愛爾蘭人的親切，永遠給予人正面積極的鼓勵，是我在國際會議協會的良師益友。他所創的 Ovation DMC 是業界的知名品牌。狄蘭尼每年固定在國際會議協會年會中主持最佳行銷競賽（ICCA Best Marketing Award），可以說是全球會議業界引頸期盼的一場武林大會。進入決選的三個城市均非泛泛之輩，得在所有會員面前簡報，由包括狄蘭尼在內的評審和出席會員在現場各打一半的分數，場面緊張刺激，脫穎而出的團隊則享有莫大的榮耀。

和狄蘭尼說明我寫書的用意後，他非常興奮，表示樂意傾囊以授，於是就先從城市和國家整體的品牌經營策略開始談起。

合作，而非競爭

狄蘭尼：全球城市行銷的市場競爭激烈，一個國家中，不同的城市不盡然需要互相廝殺。城市可以保有個別的競爭力，然後一起善用資源，這並不會遮掩國家品牌的光芒。大家最常舉的就是澳洲的例子，儘管雪梨和墨爾本各自發光發熱，但澳洲這個國家品牌還是銷售得很好。

相比之下，多元又強大的美國過去始終缺少一個全國的行銷策略，直到 2012 年才推動「美國品牌（Brand USA）」，第一次吸引國際旅客造訪美國。在成立「美國品牌」觀光推動辦公室之前，全美豐富的資源都沒有整合，城市各做各的行銷，舊金山和拉斯維加斯互相廝殺，沒有整體行銷的大思維。現在就算有了「美國品牌」，並不代表各個城市將不再為人熟知。同理，「亞洲」這個地區，本身也可以成為一個品牌，特別針對亞洲以外、想來這個地區辦會議的人行銷。

母雞帶小雞

葉泰民：可是城市有很多等級，有些一線大城市全球知名，但比較小的城市就難以和各國的首都或其他大都會競爭，該怎麼辦呢？

狄蘭尼：問得好，這個問題無所不在啊！美國的明尼亞波利斯（Minneapolis，位於明尼蘇達州）比紐約小，韓國的釜山比首爾小，波蘭的格但斯克比華沙小，大家都面臨相同的挑戰。

很多小城市犯的第一個錯，就是把比較知名的大城市當成敵人，這樣很蠢。小城可以反過來利用「對手」大城的強項，讓自己受惠。例如，西班牙加塔隆尼亞的首府巴塞隆納每年舉辦 ibtm world 旅展⁴，吸引全球上萬名買家，此時附近的小城就應該把握巴塞隆納這個地區樞紐所帶來的人潮，不然該上哪去找一萬個買家呢？所以魚在哪裡，就去哪裡捕魚。小城市要利用巴塞隆納的優勢來吸引買家造訪，不應該有本位主義，而應該看大市場的局勢，和成功者連結，以此塑造自己的品牌。

企業懂得邀請明星或運動員代言品牌吸引顧客，帶來更廣泛的機會，但城市或國家在推銷自己的時候，卻反而容易陷入本位主義或國族主義。

葉泰民：因為政治人物想討好地方選民，所以城市的眼界自然比較狹隘。

狄蘭尼：對。再舉一個例子，如果我是做鞋子的公司，我會想要請電影明星穿我家的鞋子。我不擔心這位明星也穿其他廠牌的鞋，重點是我希望他能穿上我們的品牌。城市和政治人物在談投資議題的時候，就懂這些原則，但換成行銷城市時，想法卻又變得很僵化，所以我認為城市行銷者必須先讓政治人物明白這個道理。

現在有一個趨勢，就是城市行銷和招商部門的合作更加密切。倫敦發展促進署（London & Partners，請見本書第 124 頁）就是很好的例子。過去，商務旅遊有關單位和經濟發展部門互不合作，但是顧客會說：「我

4　ibtm world 過去名為 EIBTM（Exhibition for the Incentive Business Travel and Meetings，也就是針對獎勵旅遊、商務旅遊和會議而舉辦的展覽），以巴塞隆納為據點，有 28 年歷史，是全球會議、獎勵旅遊與活動籌辦業者的首要展覽，每年吸引 3000 名廠商參展及約 15,500 名買家。

圖 3-9　西班牙加塔隆尼亞的首府巴塞隆納附近的小城就應該把握 ibtm world 旅展帶來的人潮。

們不管你怎麼分工，我們要的是解決方案！」於是這兩個單位開始緊密合作，共同推銷城市。如此一來，倫敦就會和斯德哥爾摩一樣，成為知識之都，然後創業家就會來此投資，其他人也會跟進，這是城市行銷領域正在發生的大變革。

每一個城市都與眾不同

葉泰民：回來談巴塞隆納的例子。假設附近有個像賽維利亞（Seville）的小城市想和巴塞隆納合作，那該怎麼做呢？巴塞隆納那麼強，賽維利亞的特色會不會被掩蓋？

狄蘭尼：這就談到了城市行銷的本質，並回到最初的起點：沒有城市不特別，一定要打從心裡相信這一點。城市有什麼？有實體環境、有人，還有連結兩者的橋樑。真正的城市行銷組織，應該要連結所有的特質——永遠不脫文化、經濟和具體的面向，然後呈現給顧客。每一個地方擁有的特質都不同，行銷的人不應該擔心和其他地方競爭，而是應該思考「我們有什麼？」、「我的城市為什麼獨特？」。

例如英國的格拉斯哥和愛丁堡，彼此有什麼不同？格拉斯哥是工業城，是經濟重鎮；而愛丁堡很漂亮，建築很好看，是政治中心。兩者都在蘇格蘭，相距約 100 公里，但它們非常不一樣。

你可以看著政治人物的眼睛問他：「你的選區很特別嗎？」他們一定會答「是」，因為他們認為自己是特別的。為什麼特別呢？這時候就要從基本面開始分析，不同的地方，所關心的利益不同、文化不同，有的地方強項在美食，有的是藝術和工藝，有的則是產業聚落。

行銷的基本原則是：有什麼資源，就用什麼資源。蒐集、分析、盤點現有資源，然後依此開始行銷。然而，我們總是把事情搞得很複雜，卻忘了最基本的觀念，也就是「每一個城市都與眾不同」。

我們總是在想策略，但管理大師彼得‧杜拉克（Peter Drucker）說：「文化比策略重要（Culture eats strategy for breakfast）。」對我來說，一個城市的「文化」不只是藝術和工藝，而是跨領域、整合性的體驗，包含人和飯店、餐廳、會議中心等實體特質。文化，講的就是訪客在此的體驗。我們總想發展複雜的策略，但其實更應該從基本開始，思考「我們有什麼？」、「我們為何獨特？」。用這種講法和政治人物溝通，他們馬上就懂了，因為他們就是這樣在選區推銷自己的。

建立情感連結

狄蘭尼：波蘭的格但斯克（Gdansk，請見本書第 204 頁）之所以贏得 2013 年的國際會議協會最佳行銷獎，就是因為他們觸發了人的情感。在城市行銷中，我們常常忽略了情感連結這個要素。行銷時，若能發揮城市的獨特性，不論走激進或感性的路線，都有助於建立連結、區別自身與他處的異同。

譬如說，我和你做生意的時候，並不是和你的組織往來，而是和你所屬的文化往來，和你做生意的方式往來。一個城市的基礎設施、進出航班、飯店房間、會議中心等，都已經是必備品了，永遠會有別的城市擁有「更多」，但內容不見得「相同」。城市行銷組織的任務，就是要讓城市的特色連結到顧客「本人」，並且發揮城市所有的特質。想成功，就要從這種最基本的工作開始累積。

政治人物和城市行銷組織喜歡由上而下思考，發想華麗的大格局行銷計畫，但「國際會議協會最佳行銷獎」獲獎城市之所以突出，是因為他們和買家建立起情感上的連結，且城市的特質切合買家需求。其他落選的城市的行銷，可能是因為不太具原創，或是不夠真實，無法感動人。

圖 3-10　為什麼倫敦可以贏得 2012 奧運主辦權？因為倫敦強調要「留下歷史定位」。圖為倫敦塔橋和日晷。

為什麼倫敦可以贏得 2012 奧運主辦權？因為倫敦強調要「留下歷史定位（legacy）」。他們說的不是「我們的體育館比巴黎的大」，或「我們的宣傳經費比較多」，因為這些都不是關鍵。關鍵要素必須切合需求、具原創性，而且能與人建立情感連結。城市應該要聚焦在「最後一哩」的關鍵要素，不是拼數量、比大小。

「夠」就好

葉泰民：我們回來講做生意這件事。到頭來，客戶還是在乎舉辦會議的成本、城市的交通便利性之類現實面。他們可能渴望去某個城市，但如果他們發現沒有直飛航班、舉辦成本太高，或是品質讓人不放心，會不會就此退縮了呢？

圖 3-11　如果大家都看得到對岸、都有決心渡河，那麼跨越險阻必定指日可待。圖為北橫公路復興橋。

狄蘭尼：當然會。經營城市行銷，要從現有的條件起頭。如果格但斯克想爭取倫敦的顧客來舉辦會議，卻沒有從倫敦到格但斯克的直飛航班，那他們就是找錯客群了。

城市必須具備基本條件，但不需要盡善盡美。有時候，夠就好，否則我們可能會掉入一種陷阱，就是想要當最好的。可是顧客要的不是最好的城市，他們看中的是前面談到的整體文化。當然，如果你的報價貴了1,000 歐元，那就沒搞頭了；但如果你只比別人貴 10 歐元，或許還有希望。

求同存異

葉泰民：我們知道，澳洲的雪梨、墨爾本、黃金海岸等不同城市，都在同一個國家品牌之下行銷自己；德國、荷蘭也是如此。臺灣有很多縣市，卻沒有彼此合作。由於各縣市有各自的行政權和預算，他們要如何開始在同一個「臺灣」的國家品牌下行銷自己呢？

狄蘭尼：首先，大家必須要在各自都認同的事情上取得共識，過程雖然慢，但是會很踏實。只不過，行銷人員通常不會想從這種基本的工作開始。

臺灣有六都，而大家首先必須承認，沒有一都享有足夠的資源。進一步分析一下市場的話，就知道市場很亂，愈來愈沒有秩序，觸及客戶的成本愈來愈高。有人不同意嗎？沒有。

接下來，大家開始由下而上建立共識。我們都同意沒有人擁有全部的資源，而且市場很亂，對吧？那麼我們要怎麼找來歐美的客戶呢？彼此又願意分享多少現有的資源呢？很少？那就算了。再來，有哪些城市想接觸其他地方，譬如馬來西亞的買家？有了。那麼，我們就從想做馬來西亞生意的幾個城市開始凝聚共識，接著繼續問，這些買家對我們所知有多少？

我們就是這樣開始建立共識，由下而上打根基。城市行銷組織的問題就在於，他們通常由上而下發想，想強迫貫徹策略。

襯托豔陽的藍天

葉泰民：假如臺灣決定要成立一個會議局，除了必須先由下而上建立共識，還要整合公、私部門的資源才能推動起來。您覺得該如何觸發整個過程呢？

狄蘭尼：用天空和太陽比喻吧，藍天就是會議局，太陽則代表任何一個城市或企業。沒有藍天陪襯，太陽也就不特別顯眼了。所以要有一個組織為城市增色，否則如果沒有一個組織整合，地方或產業就會沒有章法，失去焦點。

你可以簡單地問每一個人：「產業這麼破碎、混亂，如果沒有辦法整合所有資源，我們要如何做生意？」不斷地引導大家思考類似的根本問題，才能說服大家成立一個統合全局的城市行銷組織，然後有效地進入市場。

葉泰民：臺灣現在的問題是大家各自為政，會議和展覽業務的主管機關是經濟部國際貿易局，而觀光旅遊由交通部觀光局主管。那麼，從另一個角度來看，產業界能不能自己做點什麼？

狄蘭尼：每個人都會顧慮城市行銷組織的財源和其他技術問題，但首先要思考的事情應該是：我們想要達成什麼目標？

有些城市或國家行銷組織的創始人其實是私部門。美國大革命的時候，英軍進攻前，是由一個叫做保羅·瑞維爾（Paul Revere）的平民騎著馬到處警告英軍即將來襲。所以，其實也可以由一間公司發起，號召三、四間公司建立城市行銷組織。

政府看到有人這麼做，一定會說：「你們在幹嘛？不可以這樣。」你就回答：「可以啊，我們正在做，而你現在有機會加入！」接著這個行銷組織進入了市場，然後就可以告訴政府：「我們會發想行銷計畫，你們一起出資。」這樣的話，公部門就會慢慢地加入，愛爾蘭和蘇格蘭就是如此。如果政府不做，就由民間來做。

所以，可以由民間成立城市或國家行銷組織後，再異中求同，找到焦點，等到組織成功了，政府就會想加入。每一個政治人物都會想做點什麼，於是會共同出資，想要取得主導權，因為他們想和成功者做朋友。

破壞式創新策略

狄蘭尼：國際會議協會最佳行銷獎的得主都滿不按牌理出牌的，像是 2013 年的得主格但斯克，竟然決定在旅展上募集耶誕節飾品送給小朋友（請見本書第 204 頁），那時候手上根本沒有執行的預算，他們卻還是能把握目標，想出創新的行銷手法。當年臺灣國貿局的 Meet Taiwan 手機 APP 能得獎，也是因為它非常創新。行銷策略能否成功的重點，還是在於能否盤點手上的資源，並思考什麼東西才是真實、原創，切合顧客需求。

舉 IMEX 旅展為例，如果想在這個展館行銷，不見得要設一個比別人更大的攤位。當我看到前面那位穿高跟鞋的漂亮女生，就會想到很多人在展場一定很累，所以我要替女士們做一款很舒服的鞋子。我會替這款鞋打個品牌，想辦法讓展場內所有的女生都穿一雙，因為大家的腳一定都很酸。這樣的話，我甚至連攤位也不用設，可以藉此省下很多錢。只要發鞋子給大家，她們就會穿著我的鞋子到處走，這就是一種破壞式的創新思維。

小結

狄蘭尼告訴我們，不是只有大城市才能夠在這場國際競爭中勝出，小城市應該積極地找出自身的特色和資源，搭著大城市的順風車，創造無限可能的商機。就我所觀察，所有最佳行銷獎的得主，確實都不按牌理出牌，但卻能引發觀眾的情感連結，也因此贏得眾人青睞。可見創造訪客的多元體驗與正向情緒，才是致勝的秘訣。

狄蘭尼也指出，很多城市行銷機構是由民間主動發起、自主營運，再接受政府支持，發展進程是「由下而上」的。因此，與其期待公部門帶頭，或許民間也應該負起責任，共創城市集客的利益。

4 全球典範

訪談紀實

我挑選了來自全球各區域、在業界最為人稱道的 12 間企業或國家行銷組織，訪問其領導人物，由各地發展特色和近期舉辦的知名會議切入，探討組織的組成模式、經營重點、任務目標、行銷策略，以及如何保持中立並維持效率的關鍵。

01 ──── 墨爾本
善用好 IQ，不花大錢做廣告

墨爾本會議局
執行長 | 薄凱倫
Karen Bolinger
CEO, Melbourne Convention Bureau

| 薄凱倫

自 2011 年 11 月起擔任墨爾本會議局局長，現任全球最佳會議城市聯盟（BestCities Global Alliance，詳見第 52 頁下方）理事。曾擔任澳洲新南威爾斯皇家農業協會策略與行銷總經理、Staging Connections 行銷總監、雪梨會議局行銷總經理、Starwood 業務與行銷總經理等職，在會議產業耕耘 20 多年。

| 墨爾本會議局

墨爾本會議局成立於 1970 年代，旨在推廣墨爾本與維多利亞省的會議業務，在中國、新加坡、英國和美國都設有辦事處，近年來爭取到數個全球大型醫療會議，如 2013 年世界糖尿病大會、2014 年世界心臟學會年會、2014 年國際愛滋病研討會等。墨爾本會議局在 2013 與 2014 年均獲選為澳洲最佳會議城市，該局也是全球最佳會議城市聯盟成員。

要訪問這些會議局的頭頭實在不容易，一來他們個個是大忙人，二來是大部分人聽到「訪問」二字，便敬謝不敏，退避三舍，因為他們都擔心我是來刺探軍情，打算偷偷學走自家武功秘笈，我也為此吃了不少閉門羹。他們有這種顧慮，其實無可厚非，畢竟全球會議市場競爭激烈，主事者當然想要保護商業秘密。薄凱倫女士就是這樣一位謹慎的人。我寫信邀了她一兩次，但她始終不願鬆口，直到我在 2014 年底的 ICCA 年會上當面向她解釋來意，她才願意分享。

對許多臺灣人而言，提到澳洲，想到的多半是雪梨、大堡礁、黃金海岸之類的觀光景點，如果有臺灣企業選擇澳洲作為會議或獎勵旅遊的地點，八成是去這些地方。但墨爾本會議局卻能爭取到新光人壽業務發展部在 2014 年 5 月初前往墨爾本舉辦表揚大會，這十分神奇，於是我忍不住問薄凱倫女士有什麼樣的祕訣。她的回答依然很謹慎，只說：「我們向新光展現墨爾本的特色，讓他們有信心，相信墨爾本是個具啟發性的地方，能夠激勵新光業務員的業績。」

在國際會議市場中，墨爾本向來以業務能力著稱，業界紛紛傳言墨爾本會議局從不花錢宣傳，但績效卻總是非常出眾。事實上，墨爾本會議局 2013 年度的業務成長了 32%，舉辦了 175 場會議活動，創造 2 億 4,600 萬美元的直接產值。薄凱倫女士還告訴我，其實多數的業務目標早在年中就達成了，2015 年的目標，更是要成長 50%，看得出墨爾本會議局的野心勃勃。

2014 年國際愛滋病研討會

墨爾本於 2010 年取得國際愛滋病學會（International AIDS Society）的活動主辦權，在 2014 年舉辦了國際愛滋病研討會（20th International AIDS Conference）。這個會議一向是全球醫界矚目的大型會議，參加人數多達兩萬人，即便墨爾本距離歐美遙遠，與會人數也達到 13,000 人以上。因為臺灣少有機會爭取到這種規模的大型醫學會議，因此我特別請教薄凱倫女士，2010 年墨爾本是如何擊敗勁敵伊斯坦堡，取得 2014 年的主辦權，以及這一路的爭取歷程。

圖 4-1　在國際會議市場中，墨爾本向來以業務能力著稱，績效總是非常出眾。圖為墨爾本市區一景。

圖 4-2　墨爾本於 2014 年舉辦國際愛滋病研討會，與會人數超過 13,000 人。

薄凱倫女士說：「坦白講，這個案子和一般的競標案不同，必須要獲得邀請才能參加，所以並非所有城市都有機會。一切打從 1997 年開始，我們發現墨爾本有機會爭取，就努力經營關係，確保國內有夠實力的主辦單位能夠爭取。那時候，沒有其他澳洲的城市跟我們競爭，我們的對手只有伊斯坦堡。」她表示這個競標案像一個「閉門標案」，其他城市無法加入，雖然也需要準備競標書和現場簡報，但過程比較「非典型」一些。

談及墨爾本勝出的關鍵，薄凱倫女士認為是墨爾本的基礎設施贏得了主辦權。國際愛滋病研討會與會人數多達 13,000 多人，許多城市根本無法承接。國際糖尿病聯盟對於飯店房間數、會議中心容量等基礎設施的標準也非常嚴格，而墨爾本都符合這些標準。得標後，籌備會議的過程中，墨爾本會議局也持續協助國際愛滋病學會溝通、協調，終於讓大會圓滿成功落幕。

可惜的是，有 6 位與會者永遠無法抵達墨爾本，成為會議最大的遺憾。開會前夕，7 月 17 日，這幾位享譽國際的愛滋病研究學者、社運人士與家屬搭上了馬來西亞航空 MH17 從阿姆斯特丹往吉隆坡的班機，準備由此轉機前往墨爾本開會。但該航班飛越烏克蘭上空時，疑似遭烏克蘭內戰中親俄羅斯叛軍的飛彈誤擊墜毀，機上人員無人生還，包括阻斷愛滋病母嬰傳播的前國際愛滋病學會主席喬普・朗格（Joep Lange）和世界衛生組織駐日內瓦發言人格蘭・湯瑪斯（Glenn Thomas）都不幸罹難，讓許多與會者悲痛不已。薄凱倫女士回憶，這起突發悲劇讓主辦單位必須迅速評估議程，改變許多決定，而墨爾本會議局也運用一套策略，協助主辦單位一起應付龐大的內外溝通工作。

公私合夥，每四年重新簽約

聽了墨爾本爭取和舉辦國際愛滋病研討會的歷程，我覺得很感動。這是多長的一段路啊！從 1997 到 2014 年，長期的開發、耕耘、溝通，需要多少耐心與投資，都有賴會議局的遠見和毅力，若是一般組織或個人，恐怕難以承擔。

圖 4-3、圖 4-4

墨爾本市花了 7 年時間，經過長期開發、耕耘與溝通，終於爭取到舉辦 2014 國際愛滋病研討會。上圖為會議現場，下圖為市區之歡迎標語。

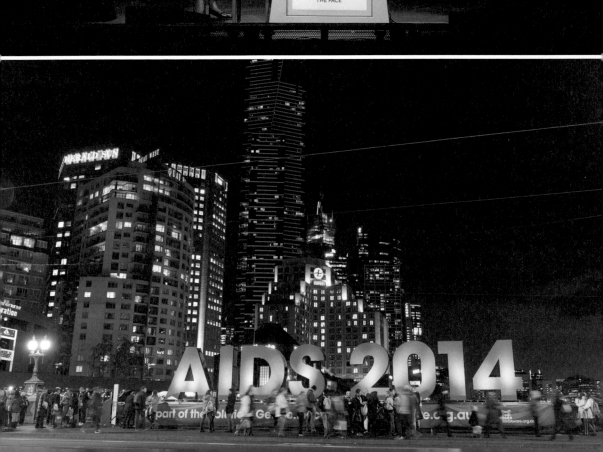

墨爾本會議局現有 35 名員工，70% 左右的資金來自維多利亞省、墨爾本市政府與墨爾本會展中心[1]，其餘來自 260 多個會員之規費和其他活動，屬於公私合夥的模式。

在這個公私合夥的模式中，政府既然出了大部分的資金，會議局要如何說服政治人物推行長期的目標呢？對此，薄凱倫女士表示，墨爾本會議局團隊，其實每四年就要和政府重新簽約，一方面檢視過去的績效，另一方面則要與政府溝通接下來四年的計劃，訂立新的績效指標。當然，政府也會視財源與需求，調整撥給會議局的預算。雖然如此，會議局並非每四年就換一批人經營，更不是現有團隊必須和其他團隊競標會議局的經營權。所謂的重新簽約，只是會議局和政府彈性調整的作法，政府藉此放權、讓團隊長期經營，但同時掌握管理績效的發言權，是一種值得學習的模式。

以客戶需求為主

除了要與政府周旋，墨爾本會議局還得照顧 260 多個會員的權益，但又必須保持中立。薄凱倫女士舉會議顧問服務為例，會議局的會員中，有個由 6 間會議公司組成的「會議規劃籌備委員會」，全部都符合會議局設定的高標準。如果客戶要尋找當地的會議顧問公司合作，會議局並不會幫忙篩選、推薦，而是輪流介紹委員會內的業者，由客戶決定要和誰合作，之後再看情況幫忙介紹業者和客戶認識。薄凱倫女士說：「我們沒有預設立場，因為我們的角色必須要保持中立。」

那麼飯店呢？我問：「假設會展中心旁邊有一間飯店，而其他好飯店距離會場比較遠。那麼你們在推薦飯店給客戶時，要怎麼保持中立？假如客戶想讓所有與會者都住在離會場最近的飯店，要怎麼辦呢？」

她說明：「當然以客戶需求為主。客戶可能會先講明，希望選擇距離會場 2 公里

1　墨爾本會展中心（Melbourne Convention and Exhibition Centre）是南半球最大的會展中心，全年使用率達 99%。

以內的飯店，必須是多少星級、甚至是酒店式公寓等等，我們就會依據客戶的實際需求，提出客製化的選項。客戶可能會說他不介意住得遠一點，如此一來飯店星級就會低一些，可以省錢。我覺得我們對提供建議蠻有把握的，而且能夠提供多樣化的產品讓他們選擇。」

圖 4-5　墨爾本會議局並不會幫忙篩選、推薦，而是輪流介紹業者，由客戶決定。圖為墨爾本市區一景。

墨爾本 IQ

為了因應國際市場的挑戰，墨爾本會議局自 2012 年開始打造品牌口號「墨爾本 IQ：國際會議明智之選（Melbourne IQ: The Intelligent Choice of Conferences）」，將墨爾本定位成創新與醫療照護的知識城市，更是澳洲的智慧之都。而墨爾本獲選為 2017 年的「全球公共衛生中心（Global Center for Public Health）」，亦足證其所言不虛。

薄凱倫女士說明，之所以經營「墨爾本 IQ」的品牌，正是因為墨爾本在醫學研究、資通訊、航太工程、教育等多項產業的資源豐富、基礎設施紮實。因此，會議局可以跟隨政府政策和產業發展的步調與策略，扶助有潛力的特定領域爭取國際會議，讓這些產業的實力傲視澳洲其他城市。這個定位策略，成功地令墨爾本脫穎而出，也使其他地方難以在短期內模仿或取代。

接著我順勢問她傳說中墨爾本「不打廣告」的策略是怎麼回事，她答道：「我們是一個經濟發展組織，也可以說是業務發展組織，本來就不應注重打造城市品牌和行銷。我們看重的其實是尋找可以在這裡舉辦的國際會議，而這種機會，靠打廣告是找不到的，要靠一對一、面對面的拜會，這就是我們真正花時間和資源經營的工作。」

圖 4-6　薄凱倫女士強調，爭取會議一定要面對面地一一拜會。圖為墨爾本市區一景。

會議大使，如虎添翼

　　談到做業務，最好的資源莫過於擁有超級業務員。墨爾本會議局和會展中心共同設立了一個會議大使計畫，稱作「墨爾本會議大使聯誼會（Club Melbourne）」[2]，延聘了超過 120 名教授和產學菁英協助爭取各自領域的國際會議，近十年來，已經成功取得近百場會議的主辦權。墨爾本領先全世界推行這類型計畫，「做業務」的效果非常成功，投資已見回報。薄凱倫女士說：「這個俱樂部不是人人都可以進來，至少要成功爭取過一次會議主辦權才有資格。會議局負責發現機會、找到當地的主辦單位，然後和會議大使一起領頭爭取主辦權。除此之外，我們也會看這些大使是不是能帶來其他機會。」

2　Club Melbourne http://www.clubmelbourne.com.au/

不能只仰賴補（捐）助

近年來，政府補助國際會議蔚為風氣，靠公家銀彈「買」下國際會議的手法大行其道（因為補、捐助越多，會議利潤就越高，國際組織可分得的盈餘也越高）。那麼，墨爾本如何應付這種價格戰呢？

她回應：「我不能說墨爾本有沒有靠補助取得會議主辦權。不過，我認為城市必須以自身優勢得標，而不見得要靠這些補助金的暗盤。我知道有這些事情發生，但重要的是城市應該要有不同的作法，而非仰賴補助。話雖如此，補助交易還是存在，世界就是這樣，會議局必須決定是否要走這條路。」

我問：「妳認為這條路繼續走下去，會是個死胡同嗎？越來越多城市把補助當成致勝關鍵，很多客戶也直接詢問有沒有補助金可以拿。妳怎麼看待這種風氣？」

薄凱倫女士回答：「我想應該有些企業在辦活動時想拿補助款，但如果公協會組織是靠補助競標國際會議，可就弄錯重點了，因為競標工作不只牽涉到那一張補助款的支票。我認為，城市一定要具備幾種優勢的組合，例如某項產業要夠強，才能端出好的會議內容、提供產業連結。如果公協會或城市只靠補助競爭，將會忽略其他面向，損失很多機會。」

小結

薄凱倫非常專注替城市開發業務，絲毫不想浪費時間與金錢，在其他無法直接帶進生意的事物或宣傳活動上。墨爾本的策略鎖定在爭取地方重點產業的國際會議，也就是結合城市行銷與產業發展，彼此相輔相成。例如墨爾本若要成為醫療照護的重鎮，醫療相關的會議自然就成了其首要爭取目標。此外，墨爾本最令人稱道就是會議大使計劃，邀請各領域精英為城市爭取的國際會議。儘管雪梨是澳洲最受歡迎的觀光城市，墨爾本卻在協會型會議的市場走出一片天空。

政府全資，企業高效

馬來西亞會展局
商務活動總經理｜何玉萍
Ho Yoke Ping
General Manager, Business Event, MyCEB

▎何玉萍

於 2010 年起擔任馬來西亞會展局商務活動總經理，曾在旅遊、金融、
休閒管理等產業領域任職，累積了 23 年經驗，具備豐富的策略發展、
專案管理能力與溝通經驗。

▎馬來西亞會展局

全名為 Malaysia Convention and Exhibition Bureau，簡稱 MyCEB。於
2009 年成立，至 2015 年為止一直是由政府全額資助，由公私部門合
夥經營，隸屬馬來西亞旅遊及文化部，與馬來西亞旅遊局是平行單位。
該組織成立後業務量成長快速，並於 2013 年獲得品牌桂冠獎（Brand
Laureate Awards）之企業服務最佳品牌。

會展局帶動國家競爭力

何玉萍女士是馬來西亞華人，但英語比華語流利，自稱是標準的「香蕉」。因為同屬亞洲區，常常在國際會議協會及各大旅展碰面，我們相識已久。她爽快地答應我的訪談邀約，經過一番聯繫，好不容易於 2014 年國際會議協會土耳其年會期間，騰出一個下午，安坐飯店大廳一隅，在窗外安塔利亞豔陽藍天的陪襯下，暢談馬來西亞會展局成立的原因。

我問道：「馬來西亞向來是以成功經營觀光聞名的大國，馬來西亞觀光局也很有名。既然如此，當初為何決定成立會展局，有什麼特別原因嗎？」

何玉萍女士回答：「馬來西亞政府有一個『經濟轉型計劃』，希望能在 2020 年時讓馬來西亞轉型成已開發國家。根據這個計劃，政府擬定了 12 個國家級的經濟成長指標，觀光就是其中之一。在觀光這個類別之下，另外有 10 個重點項目，而成立會展局和其中兩項有關，一個是發展商務旅遊，另外就是要吸引國際活動在馬來西亞舉辦，以及讓馬來西亞成為一個高收入國家。」

「和其他國家比較之後，我們發現馬來西亞的競爭能力正在下滑。我們知道商務遊客的花費是一般觀光客的三倍，但因為馬來西亞沒有會議展覽局專注於發展商務旅遊，所以我們正在失去競爭力。如果有這樣一個組織，就可以協助商務旅遊發展，為國家帶進更多收入，也可以帶動外銷。」

「商務活動包括會議、獎勵旅遊和展覽，這些產業都可以創造外匯，並且促進知識交流。這方面，我們其實落後新加坡和泰國很多，所以政府才決定要急起直追，成立一個專責組織。會展業務和大眾觀光完全不同，觀光部門專注的是打造國家品牌以及宣傳行銷，但會展局的工作比較專門，我們要競標會議，而且要有不一樣的策略。另外一個工作焦點則是要力邀國際性活動，譬如 2015 年將舉辦的極限運動節、蘭卡威亞太鐵人三項比賽、超級特技機車賽、世界腕力錦標賽等，以及其他大型運動賽事或演唱會，都吸引更多觀光客前來，遊客也願意停留更久。」

圖 4-7　馬國政府深知商務活動可以創造外匯，並促進知識交流，所以才決定成立專責
　　　　組織推動。圖為首都吉隆坡。

圖 4-8　吉隆坡會議中心外觀，背景為著名的雙子星大樓。

「起初我們只想專注發展商務旅遊，但政府後來覺得國際活動也很重要。因此我們有兩個不同的辦公室，分別負責商務旅遊和運動賽事，還有休閒以及文化活動。休閒活動則含括世界雨林音樂節、馬來西亞文創藝術節之類的演唱會或大型活動。」

問：「那麼在 M、I、C、E（會展獎旅）四個區塊中，有沒有比較偏重哪一塊呢？像是會議或展覽？」

答：「我們 60% 的心力放在會議上，也就是公協會的會議，30% 放在企業會議與獎勵旅遊，剩下的 10% 則放在展覽。展覽從去年才開始發展，這項業務對我們來說有點困難，因為會展局本身沒有場地，只能先推銷現有的展覽。預計未來有更多場地資源以後，我們才可以吸引更多人來馬來西亞辦展覽。」

以業務為導向的公私合夥組織

馬來西亞旅遊及文化部下設有兩個平行單位，分別是馬來西亞旅遊局和馬來西亞會展局，所以會議展覽局直接向旅遊及文化部負責，並且有自己的理事會。理事會的成員有 6 席來自政府，4 席來自產業，所以屬於公私合夥的組織。私部門的夥伴包括吉隆坡會議中心、馬來西亞會展協會，還有馬來西亞外貿發展組織，沙巴旅遊局、財政部和其他政府機關。由會議展覽局的管理階層擬定經營策略，送交理事會決議並審核預算。何女士說：「我們需要公私部門一起平衡合作，因為私部門比較了解怎麼做生意，而政府能從不同的角度看事情。」

何女士表示：「會展局比較像以業務為導向的組織。我們的單位分成幾個團隊，有公協會發展、業務與商業開發、研究部門、活動支援、行銷部門、產業關係和統計團隊等。其中業務團隊下面有三個小組，分別是展覽、企業活動與獎勵旅遊，以及公協會業務。行銷部門則扮演支援的角色，業務才是重點，大約有七成的力量都放在業務開發。」

圖 4-9　馬國為了邁向高收入國家，重點發展商務旅遊，以吸引國際活動至馬來西亞舉辦。

我再次確認：「很多政府出資成立的會議局，都把錢花在打廣告和做媒體公關。不過，你們還是以業務為主。是這樣嗎？」

何女士回答：「是的，我們很看重業務。會議展覽的總預算平均分給各個單位，各有各的工作重點和關鍵績效指標。比如說業務團隊必須贏得生意，行銷團隊則專注於品牌經營，活動支援團隊要和與會者互動，盡量吸引參加者，因此每個單位都很重要。我以國家關鍵經濟指標（National Key Economic Areas）作為依據，為各個團隊設定關鍵績效指標，再交給理事會審核。」

我回應道：「我訪談其他會議局時，發現很多組織都是由私部門驅動。有些理事會中，政府甚至只有一個席次。但在亞洲，多數的會議局都是由政府出資，所以很容易變成以行銷為主的組織，而不重視業務開發。我認為臺灣應該要仿效馬來西亞的模式成立會議局，蓋瑞‧葛林姆（詳見本書第 52 頁）先生曾說，馬來西亞會展局的模式是所有會議局最好的，您覺得呢？」

圖 4-10　馬來西亞積極培育沙巴、砂勞越、檳城、蘭卡威、馬六甲等城市的會議產業。圖為婆羅洲會議中心的會議現場。

何女士回答：「我們會展局的模式正是採納葛林姆先生的建議，希望能成為亞太地區的模範生。當初針對各個部門的設計，現在都非常有用，讓我們爭取到許多生意。我覺得我們的模式比許多會議局來得好，所涉獵的業務也比其他人多。我們認為自己是一個主動的組織，如果會展局採取被動的心態，就只能等著生意上門，然後做一些相關的支援服務，譬如贊助一些晚會之類的服務，但這不是我們成立的目的。」

獨立運作，逐步減少政府資金

我問道：「多數美國或歐洲的會議局，完全不隸屬於政府，而是採取公司合夥及合資的形式。您能否比較馬來西亞會展局和這些公司合夥型組織，在功能、能力與效率方面有什麼不同？我覺得，雖然馬來西亞會展局 100% 由政府擁有，但業務範圍與效率並不亞於其他會議局。」

何女士回答：「是的，我們的功能都差不多。雖然馬來西亞會展局的資金來自政府，但是營運模式卻如同企業。政府只是提供資金，會展局的員工不是公務員，並非領國家的薪水。」

我說：「在臺灣，假如由政府出資，我們必須遵守很多採購法令的規範，這往往會限制組織的效率。」

何女士說：「我們也要遵守一些法令，但這些並不構成問題。對於任何想要成立會議局的城市或國家，我的建議是，政府出資當然很好，但是這個組織應該要能夠獨立運作，享有充分的自主權，就像企業一樣，如此才能快速反應，不被官僚程序拖累。」

「目前我們的資金全部來自政府，所以沒有任何財源的問題。但是 2010 年時，政府希望我們開始向會員收取費用，期望到 2015 年為止，可以逐漸減少對政府資金的仰賴。我們現在還在思考如何修改經營模式，預計從 2015 年開始向會員收費，這項收入將佔總預算的 10% 至 20%。」

問：「我想您說的這些會員，應該是飯店旅館、航空公司、會議公司、DMC（請見第 47 頁註腳）之類的吧？和會議公司相比，航空公司和飯店規模比較大，那麼你們要如何決定誰該付多少錢呢？另外，所有飯店業者都是會員嗎？或者有些飯店雖然沒有加入，但依然享受到會議展覽局帶來的好處？」

答：「我們現在總共有 300 多個會員，但因為收費機制要等到 2015 年才開始，所以我現在無法說明收費標準。不過，我們會區分幾種會員級別，各自有不同程度的會員福利，有些屬於一般會員，有些則享有較多福利。有一些則是費用更高的『策略型事業夥伴』，可以和我們討論想要獲得什麼樣的報酬，打個比方，我們希望你提供免費的場館空間，而我們提供你行銷品牌的機會。這些都是可以公開討論的。」

我順著這個脈絡，詢問馬來西亞會展局要如何維持中立：「很多美國和歐洲的會議局，只會介紹生意給自己的會員。不過因為馬來西亞會展局是由政府出資，拿的是納稅人的錢，如果沒有把生意介紹給非會員，會不會產生什麼問題？這些業者會不會向政府投訴？」

她說：「不會，這是兩回事。我們努力保持中立客觀，同時希望大家都能接到生意。對我們來說，客戶最重要，客戶上門的時候，我們必須要了解客戶的需求，並以此推薦相關業者。如果客戶沒有預算，我也沒道理推銷他們付不起的服務，我也不能因為某某場館是我們的會員，而強迫客戶選擇。當會員開始繳會費後，就會擁有優先權，客戶來的時候，我們便會讓有付費的會員先與客戶互動。如果不是會員，就沒有這個機會。」

圖 4-11　馬來西亞充分利用在地文化特色，為國際會議與獎勵旅遊增色。圖為在中國城內的廟埕舉辦的晚宴。

圖 4-12　圖為搭乘三輪人力車尋寶的活動，這是客製化的獎勵旅遊行程活動之一。

開創新局的馬來武士

我又問道：「很多國家在發展會展產業時，只重視首都，較不注重二、三線的城市。你們有計畫打造吉隆坡以外的會議城市嗎？」

何女士回答：「我們現在聚焦於培育其他五座具備國際會議基礎設施的城市：沙巴、砂勞越、檳城、蘭卡威、馬六甲，其中多數都具備會議中心、名勝景點與相關基礎設施。其他城市有些比較適合發展休閒旅遊，沒有會展相關設施。」

「我們也有會議大使計劃，叫做 Kesatria Malaysia。Kesatria 是馬來文的『武士』。會展局現在延攬了 31 位武士，這些人可能曾經擔任過公協會的主席或要職。我們希望每位會議大使每年能帶來至少兩個生意機會（原文為 lead，在會議業界指的是「潛在客戶的聯絡方式」）。這些會議大使也會建議我們要開發哪些會議，並且引薦重要客戶給我們，除此之外也請他們鼓勵當地的公協會競標國際會議。並非所有人都來自學術界，其中有演講大師、建築師等等，根據馬來西亞的優勢產

業遴選，希望每個關鍵領域都能有相應的會議大使。話雖如此，目前多數人還是來自醫學界或學術界。」

馬來西亞業者的心態

最後，我問何女士未來可能會面臨什麼樣的挑戰。她直言：「我們需要讓會員更積極投入，他們現在還是不主動爭取業務，因為他們沒有這個習慣。這些會員習慣拿政府的補助，而政府向來也必須給錢。現在會展局開始經營長期生意，將慢慢改變這種態度，可是有很多飯店還是只看短期效益，只有會議中心願意把眼光放遠——但我認為馬來西亞的會議中心現在空間不足，就算我們能爭取到生意，他們還是無法承接。」

「幸好這種被動的心態正慢慢改變中，因為業者看到我們過去四年內，如何把生意帶進來。接下來，我們還得要為會展產業的訓練和認證繼續努力。我們現在有一個全國訓練計劃，提供特定會員各種程度的教育課程，並要求他們取得證照。」

小結

馬來西亞會展局全由政府出資，但卻採取企業化的經營模式，其效率與彈性不亞於其他公私合夥的城市行銷組織，這一點很值得臺灣思考。另外，馬來西亞將會議展覽產業納入 2020 年國家經濟轉型計劃，同時發展商務旅遊並吸引國際活動在馬來西亞舉辦。

或許因為會展產業是國家發展重點，所以馬來西亞會展局同時向國家旅遊局以及文化部負責，在政府的組織上巧妙結合了商務旅遊與文化體育賽事活動的主管機關，和韓國的文化體育觀光部有異曲同工之處。若在臺灣，這些目標便是由三個不同的部會規範管理。我認為臺灣或許可以師法馬來西亞，因為文化、體育與觀光雖然是三個不同的產品，但卻都能夠「集客」，因此必須互相連結支援。

03 ——— 新加坡
資優生的秘訣

新加坡旅遊局
業務開發事業群副執行長
展覽會議局主管｜妮塔・拉徹曼特斯
Neeta Lachmandas
Assistant Chief Executive,
Business Development Group, SECB

▍妮塔・拉徹曼特斯

於 2008 年加入新加坡旅遊局，曾主導人力資源、勞工政策、科技發展及服務品質提升等領域。主管業務開發事業群之前，曾任職該局管理觀光特色、餐飲零售、藝術娛樂、運動賽事及休閒管理等部門。拉徹曼特斯女士在行銷、傳播、專案管理及業務開發等領域資歷長達 20 年，曾服務於李奧貝納廣告公司、西北航空及新傳媒（MediaCorp），擁有新加坡國立大學法律學士學位。

▍新加坡展覽會議局

在新加坡旅遊局，除執行長室外，設有五大事業群，其中業務開發事業群（Business Development Group）即是展覽會議局（Singapore Exhibition and Convention Bureau），主管商務旅遊、會展及獎勵旅遊等領域，協助特定產業發展，並打造訪客體驗。目前該組織在全球 20 個城市設置辦事處，有 400 多名員工。在該組織協助下，新加坡舉辦之各類型會議、展覽，場次與規模皆長年名列世界前茅。

圖 4-13　商務旅遊與會展產業不只是觀光業的一環，更是國家經濟發展的重要要素。圖為新加坡天際線。

模範生的秘訣

新加坡旅遊局是全球會議界的優等生，一直在我期望訪談的名單中，但神秘低調的作風業界皆知，海外業界朋友都說新加坡很難得向外界分享策略與經驗。這次透過曾任職於星國政府的朋友介紹，幾經聯繫、來回討論訪談綱要，總算獲得首肯願意接受訪問，令我十分興奮。一見面，開門見山便請教拉徹曼特斯女士：「新加坡有什麼「關鍵秘訣」？要如何成為全球頂尖、領先業界的城市與國家？」

拉徹曼特斯女士答道：「我覺得很多亞洲與歐洲國家都擁有非常成功的會展產業策略。我們也沒什麼秘訣，就是比較努力一點吧！或許我應該談談，對會展產業來說，最關鍵的三大面向是什麼。第一是會議內容，我們努力為客戶帶來有創意、有影響力的優質會議內容。第二是確保新加坡有適合會展產業的基礎設施，例如場館、飯店以及周邊服務。第三則是努力讓所有的會展訪客獲得良好體驗，希望他們在活動結束之後，感受到獲益良多。我們目前致力於經營前兩點，未來會更加著重在第三點上。」

我問：「能否針對第一點談談？您的意思是指邀請好的講者，還是要創造如 F1 一級方程式賽車這樣的運動盛會？」

拉徹曼特斯女士說：「我認為創造內容的方法與機會很多，首先取決於新加坡以及鄰近地區的發展重心在哪裡，什麼樣的會議可以協助發展。其次在於如何整合所有相關內容。舉例來說，我們舉辦一個旅遊週，創造機會，讓所有旅遊相關產業業者齊聚一堂，共同接觸同一個主題，我們相信這能讓來自不同專業領域的人才，透過這個機會彼此認識、連結。只要能連結各方資源，就能在同類型企業間催生創新，並建立新的夥伴關係。」

為產業穿針引線

我問道：「在這個過程中，新加坡會展局扮演甚麼樣的角色？您們是否協助地方公協會設計活動？還是由會展局自行發想？」

拉徹曼特斯女士回答：「首先，我們會站在比較高的角度，研究整體產業的『生態系』，以此決定我們能創造什麼樣的內容。另一方面，當地方產業夥伴發展出會議內容，我們居間扮演好穿針引線的角色，建議他們能採行的行銷策略，甚至協助聯絡關鍵人物，指引方向，最後，我們會為不同的產業，行銷適切的會議或是活動。」

問：「舉例來說，假如有人想在新加坡舉辦一場生物科技會議，新加坡會展局會扮演什麼樣的角色呢？」

回答：「由於會展局並非生技產業專家，可能無法了解產業及地方的實際需求與狀況，但我們能協助客戶連絡適當人物，由專家為客戶解說當地需求。換句話說，我們的角色是協助客戶補足資訊落差，或讓他們知道哪些人有意願來此投資，這就是所謂的穿針引線。」

「再以都市計畫為例，都市計畫牽涉到水資源的取得與管理，綠地規劃等多個面向，在這當中，我們扮演的角色就是與新加坡其他政府單位合作，找出關鍵議題，例如開發中國家需要把握哪些都市規劃關鍵？會議應該在哪裡舉辦？還有哪些相關活動等問題。總之，我們的角色就是要與其他部門共同綜觀全局，並與主辦單位合作，協助各方認識對的人、取得對的資訊，以舉辦一場品質優良的活動。」

2020 會展產業願景

我接著問會展產業在整體觀光產業中扮演的角色，拉徹曼特斯女士說：「商務旅遊與會展產業對新加坡來說當然非常重要。2013 年，新加坡總共有 1,650 萬名訪客，消費總額為 235 億新幣，其中商務與會展訪客就佔了 350 萬人次，消費金額達 55 億新幣。所有遊客當中，商務客佔了 25%，且消費能力明顯高出許多。事實上，總觀光收入中，有三成都是來自這些商務客，所以我們有必要持續吸引他們前來參與活動。而商務旅遊與會展產業不只是觀光業的一環，更是國家經濟發展的重要要素，因為會議能帶動教育與學習，增進國人的知識與技能。另外，以旅遊的角度來說，會展產業另外一個貢獻是，商務客未來很有可能與家人再次造訪新加坡度假。」

她接著說：「經過長期研究，我們在 2013 年開始規劃會展產業的中期發展藍圖，思索如何在市場中保持競爭力。整個研究過程非常漫長，我們與業者保持密切互動，讓會議公司、DMC（請見第 47 頁註腳）、飯店以及場館業者共聚一堂，畢竟這些人才是產業一線人員，最清楚重點何在。我們共同研究數據、進行調查、

觀察趨勢，從而發現產業與會展局的夥伴關係，是中期發展階段的關鍵，所以雙方未來必須持續共同努力。我們花了一年的時間，完成相關調查與研究，找出了很多重點領域。」

「簡單來說，2020年的發展有三大重心。第一是善用科技，又可稱之為『連結性』。我們相信，科技在未來必定會為會展產業與相關行銷帶來巨大改變，更會影響商務客的與會體驗。第二是要讓訪客感受到收穫良多，煥然一新。與會者總是希望走這一遭能獲得有意義的體驗，光是學習知識、認識朋友還不夠，更重要的是獲得啟發，所以新加坡必須成為一個具有啟發性的會議城市。新加坡有很多特色，擁有豐富的在地元素，重點是要把這些元素融入會展活動中。很多人周遊列國，四處參加活動，但某天早上一覺醒來，卻發現身處的城市與會議其實毫無特色，一切都大同小異，這就是我們要改變的，我們要讓新加坡保有原創特色。第三則是要培育人才，讓新加坡成為亞洲會展人才的培育搖籃。具備越多技能，會展業者越能有創意，整體產業素質也能跟著提升，創造出『長尾效益』。」

「說到人才，我認為最大的阻礙不是薪資偏低。會展產業的薪資水準其實不錯，真正的挑戰是大家還不了解會展產業有什麼潛力，以為會展產業就是在「辦活動」而已。另一方面，現在有很多會議內容都是由美國與歐洲引入新加坡，我認為我

圖4-14　會議能夠帶動教育與學習，增進國人的知識與技能。圖為濱海灣花園（Gardens by the Bay）之 Flower Field Hall。

們應該要有能力創造出既適合亞洲、亦適合全球的會議內容，以確保新加坡的會展業者能與世界接軌，具備同樣素質。」

補（捐）助並非重點

我請教拉氏：「新加坡是全球許多城市與國家的學習對象，請問您對於臺灣、印尼、菲律賓或新興歐洲國家之類的新興會展城市或國家，有什麼建議？」

她答道：「我覺得這些國家在建立會展基礎設施上，表現其實非常出色。一個國家很難為另一個國家提供建議，因為到頭來，最重要的還是要發揮各國所擁有的各項元素，發展屬於自己的會展產業樣貌。地方或國家的關鍵經濟推力是什麼？位居什麼樣的地理位置？在國際貿易中扮演什麼角色？這些問題都值得深思，因為會展產業該如何發展，主要取決於周邊的各種機會，所以沒有一體適用的模式。新加坡的模式和國家的經濟重心，與產業聚落息息相關，會展產業沒有辦法自成一格，畢竟這個產業的目的，是要協助培植特定地方產業。」

「所有事情都是一體兩面，補（捐）助也不例外，有好也有壞。我們和其他城市一樣，也會提供一些補（捐）助方案，以此來吸引會議主辦單位，但這只是其中一種方法，要贏得一場會議的主辦權，重點不是誰的價格比較低。我的想法比較不一樣，補（捐）助固然重要，但更重要的是為會議創造價值。有一些高價值的大型活動未必會選擇物價最低的城市舉辦，舉辦城市也未必能提供什麼優惠的補助方案。事實上，許多國家根本沒提供什麼補助，卻還是能舉辦大型活動，這顯然是因為他們能為主辦單位創造價值。會議能不能吸引到理想的對象來參加？會議上有沒有機會促成商機？這些才是主辦單位最關心的事，也是演講人之所以前來的動機。一個城市能不能做到上述這些事，無疑取決於當地的連結性與活力。」

合作的契機

我請教拉氏：「身為亞洲最好的會議局，您認為不同的亞洲城市之間，可不可能互相合作，以吸引西方國家或其他地區的主辦單位前來亞洲？」

圖4-15 新加坡有很多特色，擁有豐富的在地元素，重點是要把這些元素融入會展活動中。圖為新加坡小印度地區寺廟一景。

圖 4-16　會展產業另一個貢獻是，商務客未來很可能與家人再次造訪度假。圖為聖淘沙名勝世界之 Sapphire Pavilion。

拉徹曼特斯女士回答：「我認為我們確實有很多合作機會。亞洲的會展產業未來一片光明，亞太地區的成長也非常快速，但這也將帶來更多挑戰，我們得做好準備。機會是有，但該如何把握呢？我們必須具備頂尖人才，並持續提升實力，讓大家一起培育人才，這就是亞洲城市能合作的地方。剛才提到 2020 年的發展重點之一，便是要將新加坡打造為區域人才搖籃，怎麼達到這個目標？自然得仰賴與其他亞洲城市合作。」

接著我們談到全球最佳會議城市聯盟（BestCities Global Alliance，詳見第 52 頁），拉徹曼特斯女士表示：「新加坡加入聯盟為時多年，許多方面皆獲益良多。以業務開發為例，整個聯盟可以一起發掘商機，雖然大家確實各自努力，但八個城市一起合作，效益與能力更大。但我覺得更重要的一點，是聯盟裡的城市都經歷過嚴格考核，彼此稽核服務品質與資歷，互相砥礪，如此方能確保客戶都能得到最佳體驗。」

外商把餅做大

近年來，許多跨國會展管理公司都到新加坡設點，例如 MCI、Kanes 等公司。因此我請教拉氏，面對這些跨國公司的競爭，新加坡國內的會議公司如何因應？他們是否認為政府讓太多外國競爭者進入市場？

她反倒先問我：「身為臺灣的會議公司，您覺得呢？我想先了解您的看法。」

我立刻回答：「我認為會展市場應該開放競爭，沒有什麼好迴避的，但我不曉得新加坡當地業者是怎麼想的。」

拉徹曼特斯女士接著說：「我的看法是，新加坡最成功的幾家會展業者多半是國內廠商，比如 NPI 以及 SingEx（新加坡會展中心），他們都是本地廠商，但也會與外國廠商並肩合作。其實有些國外廠商會與國內業者一起將會議帶進新加坡，畢竟外商公司並不完全了解當地市場，有時還是需要國內業者協助，所以國內業者其實也受惠良多。您剛才提到的這些公司的確是國內業者的對手，但正如您所說，這是個開放競爭的市場，而且我也認為外商帶給新加坡會展市場的價值不容低估，如果他們能把會議帶進新加坡，也會為新加坡人民創造就業機會。」

「對我來說，更重要的是，國內會展業者的表現十分出色。除了會議與展覽公司之外，會展業還有其他業者，包括裝潢商、飯店業者等，只要來新加坡舉辦的會展活動愈多，他們就愈能一併受惠，不論舉辦的是會議還是展覽，承辦的是本土還是外商公司，都不會改變這個事實。我真心認為，大家要用更開放的心態看待競爭，為會展產業的整體利益著想。」

小結

訪問完拉徹曼特斯女士後，不得不佩服新加坡政府的視野與胸懷。首先，政府願意延攬這位兼具廣告、航空及媒體業經歷的人才掌管業務開發。其次，幅員不大的新加坡已有四個會展中心，各自有其利基市場，彼此既競爭也合作，一同擴大國家對外競爭力。新加坡更排除所有無形障礙，歡迎國際會展公司到新加坡發展，如同拉氏對星國業者所說：「只有競爭，大家才會更好。」

再者，星國的遠見早已帶領產業走出會議競標的階段，進而以創造內容來吸引全球目光。會展局與政府各部門合作，配合經濟發展目標，創造會議與展覽活動的議題。最後，會展的商務旅客消費，占新加坡觀光業整體營收的四分之一。由於很多商務客未來都可能與家人再次造訪，因此政府深知會議除了帶動知識經濟，更是大眾觀光的重要推手。

全球最多會員的私營組織

舊金山旅遊協會
國際會議及獎勵旅遊業務主任｜克里斯多福‧雷伊
Christophe Ley
Director, International Meetings & Incentive Sales,
San Francisco Travel Association

克里斯多福‧雷伊

雷伊先生生長於法國波爾多，1995 年移居舊金山，取得美國林肯大學國際貿易學士學位，精通英語、法語與西班牙語。1996 年起任職於舊金山「西進旅行社（Go West Tours）」，擔任客戶經理，並於該旅行社創立「出國專案」，為美國與加拿大的顧客安排前往歐洲旅遊。2000 年至 2007 年期間，在當時的舊金山會議旅遊局擔任觀光業務經理。2012 年初，重返舊金山旅遊協會，主管會議與獎勵旅遊，隸屬於舊金山旅遊協會觀光部門。

舊金山旅遊協會

前身是舊金山會議旅遊局（San Francisco Convention & Visitors Bureau），成立於 1909 年，自 2011 年起變更為現在的名稱，成為私立的非營利組織，主要推廣舊金山和灣區的會議、展覽及各種觀光旅遊，從而推動經濟發展。目前擁有近 1,800 名會員，全美第一，在全球亦首屈一指。旅遊業是舊金山最大的產業，每年貢獻 85 億美元以上的經濟產值。該會目前有 80 多名全職員工，常駐舊金山、芝加哥、紐約、華府，並在全球設置辦公室，委由行銷公司經營。

舊金山永遠是美國會議城市的前三名，除了協會型的會議，也是 Google、Facebook、Yahoo 等創新企業的年度大會所在，顛覆傳統會議的 TED 年會也在舊金山發跡。舊金山也舉辦如美國盃帆船賽、舊金山馬拉松、美式足球超級盃等大型運動賽事。在美國的會議市場中，舊金山具有相當的代表性。這一切幕後的推手，就是舊金山旅遊協會。

特別區段稅

雷伊先生首先說明，舊金山旅遊協會比較像是民營的合夥關係，資金主要來自「特別區段稅（assessment tax）」，這不是一般的稅捐，而是經由市議會投票通過

的，和其他會議局的財源很不一樣。舊金山市取得地方的旅館同意，由市議會投票通過後，自 2009 年 1 月 1 日起開徵這項稅金，專款資助舊金山旅遊協會在世界各地行銷舊金山，因此協會不需要仰賴市政府或議會的預算。

舊金山的旅館本來就需繳交 14% 的旅館稅，而「特別區段稅」則是額外的一筆稅捐，稅率端看旅館位於哪一個「觀光改善區（Tourism Improvement District，簡稱 TID）」而定。第一區在市中心，稅率是 1.65%，第二區距離市中心較遠，稅率是 1%。這項稅捐每年約可徵收 2,700 萬美元。

聽完上述說明，加上舊金山旅遊協會現有將近 90 名員工，足以證明確實是美國國內相當大規模的組織。雷伊先生同意：「的確，我們算是美國最大的會議局，針對會展的數目與規模所定的目標，肯定名列全美前五。因為目標設得很高，所以跟其他會議局相比，雖然我們的成交比率不算高，報酬率卻很高。」

圖 4-17　舊金山旅遊協會現在雖然獨立於市政府，但在城市行銷等工作上仍與市府密切合作。圖為舊金山地標金門大橋。

美國是全球會議局的濫觴，各城市之間的競爭勢必精彩非凡。既然雷伊先生認為舊金山與美國其他同類組織相比，較為特殊，我便請他再深入透析舊金山旅遊協會的特色。雷伊先生回答：「我們花很多心思，主動配合客戶的需求，我們的會員很多。除了前面提到的特殊區段稅，資金也來自會員繳交的會費。我們有1,500 到 2,000 個會員，在全球城市行銷組織中算是數量龐大的，例如法國的城市行銷組織一般只有不到 800 名會員。另外一個在美國獨樹一格的理由是，我們會參與許多全球性的活動與會議獎旅產業的商展，同時也有許多部門專責行銷這個城市的每個面向。」

與政府合作

我接著問：「前面提到，您們是屬於民間導向的組織，那麼政府在行銷城市、建立城市品牌或是資助長期策略方面，扮演什麼樣的角色呢？」

雷伊先生答：「我們現在與政府其實是一種合作關係。以前還是會議局的時候，我們仰賴市政府每年超過 5 億美元的觀光相關稅金與規費挹注，在舊金山創造了74,000 個左右的就業機會，但這筆稅金現在已不歸我們協會，而是分配到市內的交通建設、藝術文化等等項目。舊金山旅遊協會現在雖然獨立於市政府，但在城市行銷等工作上仍與市府密切合作。」

協會的中立性

據我所知，美國有八成的會議局擁有自己的會展中心，但舊金山則不然。對此，雷伊先生解釋道：「我們只負責會展中心的檔期銷售，有一個團隊專門銷售莫斯科尼會議中心（Moscone Center）的檔期。所有在舊金山舉辦的重要活動，不論是醫學會議或企業年會，全都由在地的專業團隊經手管理，把相關資訊傳給莫斯科尼中心，再與莫斯科尼中心簽約，正式確認雙方合作關係。接著我們會聯絡飯店，確認房間數量，與飯店簽約，再將業務移交給替顧客管理訂房的住宿團隊。莫斯科尼中心並不是我們的，我們只負責銷售而已。」

圖 4-18　舊金山最高的摩天大樓
　　　　汎美金字塔除夕煙火。

問：「那麼協會要如何保持中立呢？」

答：「保持中立很容易，因為莫斯科尼中心的相關規定非常嚴格。例如，莫斯科尼中心不能舉辦消費展，所以就得請想舉辦消費展的客戶去別的會展中心。莫斯科尼中心只能舉辦企業大會、醫學會議等等，消費展的商機就留給舊金山其他會展中心。」

「此外，我們也要求莫斯科尼中心的客戶達到訂房的基準量。莫斯科尼中心分成西、南、北三棟建築，視為不同的場地。如果要在旺季租用『西莫斯科尼中心』一晚，訂房總金額必須超過 18,000 美元，否則就不能租用場地。除非有零星的檔期需要填補，不然沒有任何例外，莫斯科尼中心一定要提早預訂才行。」

至於如何讓協會運作保持公開、客觀且透明呢？雷伊先生回答：「舊金山旅遊協會的理事包括舊金山的頂尖飯店、DMC（請見第 47 頁註腳）、運輸業者與航空公司的執行長。協會每一個動作、每一項行銷或銷售決策，都要由理事會投票通過。不同的部門也有不同的委員會決定『要做什麼』、『怎麼去做』、『錢怎麼花』等等問題，絕對可以確保透明度與效率。因為我們的決策都是為了達成共同的目標，而且我們知道，不管決策結果是好是壞，預算都不會受政府影響。」

問：「那麼這些利害關係人如何評估協會的績效呢？」

答：「協會的每個部門主管都會訂定各自的績效目標，以住房數為基準，並經過所有會員同意。莫斯科尼中心的銷售團隊與以飯店為客戶的銷售團隊不一樣，後者是所謂的「獨立銷售團隊（self-contained sales team）」，經手場館以外的所有業務。例如某家飯店要辦一場 500 人的會議，就會有一個團隊專門處理這家飯店的事務，所以這個團隊的目標與其他人不同，而這一切都是由高層主管與理事會決定的。」

為了瞭解更精確的概念，我直接請教舊金山旅遊協會的關鍵績效指標有哪些，例如是否包括預訂的房間與空間數目、吸引的公司數目等等。

雷伊先生回答：「一個客戶預訂一個晚上，就算作一個『住房數（room/night）』，我們的目標是一年有共約 200 萬個住房數。」

「其中，會議中心團隊大約要達成 100 萬，獨立團隊則分配到約 90 萬的業績，總共約 200 萬個。我們有一個追蹤業務的系統，包括預訂確認、預訂機制等等。關鍵績效指標看的不是總營收，而是住房數。」

問：「您們是否也會去評估吸引的人數，以及會議與展覽場地的預訂情形呢？」

回答：「不會，我們完全聚焦於住房數，這樣才能帶動營業額。飯店都非常重視住房數，他們也預期我們有同樣的目標。會議空間當然也很重要，但是會議帶動多少住房數，才是最重要的數字。」

與政治人物建立關係

一般來說，公營的城市行銷組織，財源勢必受到政府預算影響，多少會隨景氣波動。但舊金山旅遊協會因為財源獨立，不受制於政府預算，所以免於受 2009 年以來的金融危機和經濟衰退所苦，未受到撙節政策太大影響。不過，舊金山旅遊協會是否還需要尋求政治人物支持呢？如果是的話，要如何說服政治人物重視長期目標呢？

雷伊先生說：「我們的確有與政治人物建立夥伴關係。對我們很有利的一點是，協會有權自行投票決策。如果我們不同意舊金山市政府想通過的法規，認為法規對觀光沒有助益，可以投票反對，為我們自己的權益發聲，我們的確也多次投票反對政府想要通過的法規。」

「我們長期以來與政治人物和市長保持良好關係。幸運的是，舊金山歷任市長都非常了解觀光對舊金山的價值，所以我們從來不需要與他們爭執。觀光是舊金山

最大的產業，直接創造 74,000 個就業機會，遊客每年在舊金山花費達 80 億美元左右。因為政府知道觀光業的價值，所以一定會與我們合作。」

多元角色與職責

問：「舊金山旅遊協會的定位，是行銷還是業務角色呢？」

答：「我們兩者都是，既是行銷組織也是業務組織。現在有許多競爭力強的城市，投注很多心力在吸引會展和觀光，我們必須跟上、甚至超越他們，不能以現在的成就自滿。」

問：「除了推廣會議與展覽，協會是否還會耕耘其他領域呢？譬如協助打造城市品牌，或是促進公民社會的發展呢？」

雷伊先生肯定地説：「會。我們的行銷團隊就是在替舊金山定位。我們也會辦理很多活動，促進城市的商業發展、推廣在地節慶、建立城市品牌。我們有一個銷售團隊，專門負責在國外經營舊金山這個品牌。」

我更進一步延伸問題：「近幾年來，大型會議與活動的周邊安全愈來愈重要，所以協會也會適時協調公共資源，以確保公衛、安全與交通嗎？」

雷伊先生回答：「當然。我們的會議銷售副總裁，就是負責接洽大型活動的窗口。例如去年夏天，美國盃帆船賽在舊金山舉辦，我們就有一個團隊專門協調、協助，幫忙尋找適當地點等等。舊金山最近贏得 2016 年美式足球超級盃比賽的主辦權，而協會正是幕後的推手。我們參與許多大型公共活動，也與市政府合作。協會辦公室有人專門協調公共政策，和市府保持順暢的溝通。我們希望未來有更多像美國盃與超級盃的運動賽事在舊金山舉行，舊金山有很多運動賽事，一切都是互相連結的。」

圖 4-19　舊金山地區最知名的叮叮車（纜車）。

「比如歷史悠久的舊金山馬拉松，因為主辦單位本身就有能力籌劃，只需要與我
們合作行銷就可以了。但是面對缺乏經驗的大型運動賽事，我們就會找適合的人
協助主辦廠商，讓專家照顧他們各方面的需求。」

「如果有一群拉丁美洲的市長要來舊金山開會，他們的部份行程可以由我們幫忙
安排，剩下的部份就聯絡市政府協助，才能確保大家都了解狀況。我不是唯一一
個主導一切的人，我們是一個團隊，大家都會參與活動各個面向的籌劃。」

競爭與合作的新局面

過去，城市行銷組織或會議局往往是地方會議產業的支柱，因為他們能夠擔任聯
繫窗口，整合各方資源。如今網路連結日益緊密，企業愈來愈有彈性，能見度愈
來愈高，城市行銷組織的服務和地位慢慢被公司取代，有些私部門組織甚至取代
了會議局。對此，我請教雷伊先生是否面臨這樣的競爭，又該如何因應？

雷伊先生很有信心地回答：「我們不需要與他們競爭，因為我們的角色不同。DMC 也許可以啟發客戶，提供最好的協助；有些組織可能很擅長處理大型會議的住宿、或設計住宿相關網頁，但我們不會與這種組織競爭。舊金山旅遊協會算是媒介者，幫助客戶與這些組織建立起最適當、最理想的連結。」

「我們的工作其實是傾聽客戶的需求，並努力滿足這些需求。如果客戶的預算不足，沒辦法找旅行社幫他們安排住宿，協會就會幫他們找更便宜或是免費的方式。我們追求的是一種均衡，讓每個人都有事做。我們並沒有與任何人競爭，協會的角色很明確，也知道自己的責任在哪裡。我們的目標是讓舊金山舉辦最棒、最難忘的活動。每一場在舊金山舉辦的大會，一定會打破該主辦單位的與會人數紀錄──人來得愈多，創造的營收就愈多。」

根據雷伊先生的形容，彼此的關係並非競爭廝殺，反而是各盡其力，共蒙其利。這令我想到歐洲有許多會議局開始合作，便詢問他，美國除了國際城市行銷協會（Destination Marketing Association International，有 600 名以上的組織會員，遍及全美及其他 14 國），是否還有其他產業同盟，而舊金山是否有參與其中。

他回答：「美國並沒有正式的同盟，不過會議局之間有時候會合作。例如我們在英國和德國，就和聖地牙哥、洛杉磯等其他來自加州的會議局共用辦公室，這算是一個地緣上的同盟關係。」

除此之外，舊金山只加入三年前創立的「未來會展城市行動聯盟」（Future Convention Cities Initiative，簡稱 FCCI），其他成員包括倫敦、雪梨、阿布達比、德爾班與首爾，一起研究、分享最佳範例，並與會議主辦單位、甚至全球其他的會議局，分享這些研究成果。因為這些城市主辦的會議種類、客戶性質與工作方式都很相似，所以我們希望能透過交流獲得最佳作法與商機。

「有的城市會端出補（捐）助以贏得會議舉辦權，但舊金山不會。所以 FCCI 一年開兩次會，互相交流討論出最佳作法，並思索城市行銷組織該如何影響會議主辦

單位。因為我們想把視野放得更廣，把舊金山看作是「全球會議城市」，所以必須與其他傑出的城市合作。

「FCCI 是獨立組織，現任主席是首爾觀光局的副總裁莫琳・歐克勞利（Maureen O'Crowley）。每次開會，都會撥一定的預算做研究專案。我們正準備在法蘭克福召開一場大會，邀請大家研究一個有趣的專案，主題應該是「出差享樂（原文為 bleasure，是英文商務 business 和娛樂 pleasure 兩個字的結合）」。我們希望針對這個市場提出具體數字，包括報酬率與顧客特質分析。

連結矽谷創新資源

接著我們聊到，臺灣就像舊金山，有很強的高科技業，舉辦過很多高科技相關會議。我問雷伊先生，舊金山旅遊協會是如何把握矽谷與周邊創新的動能和資產。

雷伊先生說：「我們很注重創新，例如行銷團隊正準備規畫未來兩年的行銷專案，需要創新思維。很多東西是在舊金山發明的，例如 Levis 牛仔褲、幸運餅（美國的華人餐館飯後必備的小點心，裡面放了討吉利的紙條）、愛爾蘭咖啡、推特……等等都是。我們有很精彩的故事，因此想幫助客戶說出自己的故事。我們會透過觸發新靈感與想法，幫助公司創新內容。」

「英國的會議主辦單位常常來舊金山舉辦手機遊戲、科技等領域的會議，至今已舉辦了 15 到 20 場類似的 300 人小型會議。而在過去兩年，開會的頻率增加了一倍，因為他們知道在這裡找得到這類型會議的客群。他們有時候會問：『某某企業的總部是不是在這裡？』」

「我們會跟當地矽谷新創公司的商會合作，也會與 Google、Yahoo、Netflix、Twitter 等公司的講者保持聯繫（以便有機會時邀請他們演講）。即便這不是我們的職責，我們也會維持這樣的人脈關係。」

圖 4-20、圖 4-21

4-20

4-21

有一個團隊專門銷售莫斯科尼會議中心的檔期，但莫斯科尼中心並不屬於舊金山旅遊協會。協會只負責銷售，且努力保持中立性。圖為莫斯科尼會議中心。

圖 4-22　舊金山這個城市兼容並蓄，總是能透過精彩的故事，觸發新的靈感，帶來創新的內容。圖為舊金山同志大遊行。

期待亞洲，放眼全球

　　美國的會議市場夠大，幾乎能夠自給自足，因此通常不太積極搶進國際市場。但雷伊先生深知國際市場對舊金山的成長非常重要，他提到舊金山旅遊協會都會去亞洲——特別是成長最快的中國——參加旅展，而新加坡和臺灣也很重要。「中國安麗已經確定明年會有規模 12,000 到 15,000 人的獎勵旅遊團來舊金山，這是我們和多倫多及其他國際城市競標贏得的機會！這對舊金山而言是一件大事，也是史上規模最大的獎勵旅遊。」

　　「我們一年會參加 8 到 10 個國際會議獎勵國際旅展，這是協會主席要求的方向，他也充分授權我們選擇參加的地點。我們會到各地參展，但其他美國城市並不會。像過去兩年，美國只有舊金山參加了阿布達比的波灣獎勵商業旅遊與會議展（Gulf Incentive, Business Travel and Meetings Exhibition，簡稱 GIBTM）。」

「我們的目的是與航空公司協調，開闢更多從舊金山出發的國際航線。過去一年，我們已經促成了將近 10 條國際航線，到哥本哈根、都柏林與阿布達比，也有十幾條與中國南方航空合作的直航班機。我們很積極開發新航線，唯有如此，才能在新的城市有效地行銷舊金山。」

美國會議局前五名

訪談結束前，我們輕鬆閒聊，我問雷伊先生：「可以談談您心目中前五名的美國會議局嗎？」

他笑道：「這題不簡單。我想……第一名當然是舊金山了！我覺得前五名就是那幾個大城市，芝加哥、紐約、拉斯維加斯、舊金山、洛杉磯，還有華盛頓，華盛頓真的很優秀。」

小結

雷伊先生讓我更深入了解舊金山的成就。美國是會議局發源地，各城市會議局都有穩定的財源，包括觀光相關稅收、會員會費、相關業務營收等，是會議局成功的第一步。美國的會議局目標相當明確，即是以會議活動所帶動的住房數為績效。政府單位與會議局是一種夥伴關係，而不是從屬關係。

會議局採企業化經營，追求實際績效。舊金山與聖地牙哥、洛杉磯等加州城市彼此既競爭又合作，並透過未來會展城市行動聯盟和世界其他城市合作，就是追求績效的明證。合作，是為了取得資訊、交換經驗，以保有競爭的優勢。

另外，舊金山也同時把握矽谷創新的動能與資源，吸引高科技領域會議使用城內設施，塑造城市創新內容的形象。反觀同樣有高科技聚落的新竹，是否也有條件成為創新會議的城市呢？

觀光、招商、會展、留遊學跨領域整合行銷

LONDON™
& PARTNERS

倫敦發展促進署
商務旅遊與大型活動主任｜崔西‧哈利維爾
Tracy Halliwell
Director of Business Tourism and Major Events

倫敦發展促進署
公協會業務主任｜貝琪‧葛來芬尼
Becky Graveney
Head of Associations
London & Partners

┃ 崔西‧哈利維爾

休閒、旅遊與會議產業資歷 25 年，曾經擔任千禧酒店業務行銷副總、英國艾美酒店業務總監等要職，2007 年起服務於 Visit London（倫敦發展促進署前身），執掌商務旅遊與會議業務。

┃ 貝琪‧葛來芬尼

自 2011 年起加入 Visit London，此前曾任倫敦希爾頓會議業務主管、Initial Style 會議公司等職。

┃ 倫敦發展促進署

成立於 2011 年，正式名稱為 London & Partners，是倫敦的城市行銷組織，採非營利的公私合夥模式，由倫敦市長辦公室與當地產業共同出資，由同一個組織全權負責吸引國內外企業投資、會議活動、遊留學等商機與訪客。該組織現有 400 多名來自當地相關產業的會員，分成頂級、白金、黃金三個等級。但是在會議業務這個領域，還是有一個獨立的單位專責扮演會議局的角色。

上圖：崔西・哈利維爾

下圖：貝琪・葛來芬尼

倫敦奧運的資產

第一次拜訪倫敦發展促進署是在 2012 年初夏，當時整個倫敦都準備迎接即將來臨的夏季奧運會。作為大英帝國的首都，倫敦引領全球化的浪潮，思維總是走在時代尖端。大倫敦市長鮑里斯．強森（Boris Johnson）整合了觀光、招商、會展、留遊學機構，成立「倫敦發展促進署」這樣的一個經濟發展組織，直屬市長室。單就其英文名 London & Partners（直譯為「倫敦與其夥伴」），就可看出倫敦不一樣的思維。

訪談的時間點，距離倫敦成功舉辦 2012 年夏季奧運會剛過兩年，全球仍持續讚揚敦奧這場世界級運動盛會，為倫敦留下的資產與歷史定位。恰好臺北也正在籌備 2017 年的世界大學運動會，於是我們就從這一個議題聊起，請哈利維爾女士從城市行銷的角度回顧倫敦奧運對城市的貢獻。

哈利維爾女士認為，奧運的資產可以用四個 P 來總結：「第一是『產品（product）』。奧運籌備期間，有鉅額的資本流入倫敦，投資於基礎設施、飯店旅館、觀光景點、公共清潔，以及倫敦東區改建為奧運公園的都市更新計畫。短短幾年內總計投入了 165 億英鎊，相當於 50 年份的投資額，提升了倫敦「產品」價值，並推出過去沒有的新產品——倫敦東區。」

「第二個是『人（people）』。所有的奧運會和大型活動，投入的人力和聘僱的員工都需要接受專業訓練，從而提升相關技能，不論是餐飲服務、健康照護或是維安工作，參與活動的人員應付大型活動的知識和技術都因此進步許多。」

「第三是『感受（perception）』。過去，倫敦的名聲可能不太好，讓人覺得這個城市很傲慢，不是特別歡迎遊客。奧運結束後，根據英國文化協會調查，全世界大約有 34% 的受訪者認為，以前都不曉得英國人蠻幽默的。奧會期間服務踴躍的志工，向世人證明其實我們很友善、好客，也樂在各種賽事中。凡事有效率、效果好，大家都很開心。」

圖 4-23　倫敦發展促進署的業務廣泛，跨足觀光、招商、會展、留遊學等不同領域，成效卓越。圖為倫敦
　　　　眼與國會大樓。

「最後是『定位（position）』。有很多人曾經來過倫敦，因而思考著該去其他地方。但奧運讓我們有機會再次向世人呈現倫敦，告訴很久沒來的人：『倫敦現在很不一樣了，已經大幅成長，有很多新事物可以看。』」

哈利維爾女士指出，倫敦奧運會當年來訪的國際旅客人數達到 1,300 萬人，創下歷史新高。其他城市辦過奧運會的隔年，旅客數就會下滑，但倫敦在 2013 年的國際旅客竟達到 1,640 萬人，2014 年更逼近 1,900 萬，且投資、飯店住房容量等持續增加，對觀光旅遊與會議產業大有幫助。

跨領域的綜合效果

倫敦發展促進署的業務廣泛，觀光、招商、會展、留遊學無所不包。同時經營那麼多業務，令人不禁想問到底有什麼優缺點。

哈利維爾女士答：「我們於 2011 年正式成立，當初之所以這樣設計，有幾個原

因。第一，當時的市長決定，需要一起重新思考一個和城市品牌有關的組織。第二，那時我們正準備舉辦 2012 年的奧運會，即將要向全世界展開行銷，卻發現有太多不同的組織，用不同的方式，傳達不同的訊息，但明明都在追求一樣的目標，也就是創造就業、經濟成長，以及整體的商業利益。於是我們針對產業鏈上的許多利害關係人進行各種相關研究，決定成立這個經濟發展組織，以所有可能將國際業務引進倫敦的領域為對象，創造就業與經濟成長。」

問：「那麼到目前為止，是否收到綜合效果呢？當然，我認為這個模式非常成功，因為能夠讓外人透過這個組織，了解倫敦的各個面向。不論是吸引外國人來投資、爭取會議在倫敦舉辦、吸引一般遊客，或是吸引學生留學，這些不同的需求，如果能由同一個組織統一處理，交換並分享資訊，會比不同的單位分開處理來得好。」

答：「總之我們發現，這樣的模式可以讓我們取得更多的情報和資訊，並且能在不同的領域裡分享知識，還能夠和各種不同的利害關係人發展策略、彼此合作，思考倫敦在全世界的地位以及我們未來的角色。」

葛來芬尼女士補充道：「從會議局的角度來說，以往我們什麼都做，現在則能夠專注於國際市場，和其他城市競爭會議業務。」

哈利維爾女士接著說：「這是我們的選擇，在組織成立（2011 年）之前，政府各部門進行了全面性檢討，當時英國國內各區域主管發展的機關紛紛遭到裁撤，政府也在重新思考應該如何籌措財源，我們想要確保所有的工作都有效果，而且讓政府的投資得到相應的報酬。於是我們和大倫敦政府（Great London Authority，管轄倫敦市及周邊地區）的經濟研究團隊發展了一套很管用的「加值毛額（Gross Value Added，簡稱 GVA [3]）」統計方法，指出我們應該要投資於國

3　倫敦發展促進署與大倫敦政府（GLA）經濟部門共同研發一套統計方法，計算該組織的工作為倫敦直接帶來的「額外」經濟效益，算法包括「加值毛額（Gross Value Added，簡稱 GVA）」，以及相關遊客、與會者、大型活動參加者和遊留學生共同創造與支持的工作機會。

際業務、而非國內業務。過去我們的角色很被動，但這個新的模式，使得我們能夠聚焦於特定需要積極介入協助的業務。」

「不過，同時間其他各種業務還是接踵而來，所以我們必須把重點擺在最需要施力的項目。在同一個組織裡面，有負責外國投資的團隊專職某些領域，如果這時候我們也加入經營這些同樣的領域，效果一定會更好。譬如，有很多外國人想投資倫敦的科技、醫療、生命科學、文創與金融等領域，自然會帶來很多會議機會，如果招商和會議兩個團隊一起合作，就能發揮綜合效果。」

根據客戶需求誠實推薦

倫敦發展促進署在其網站上宣稱提供所有買家「免費且公正的服務」，我對此相當好奇。我問道：「對外提供免費服務時，會不會造成會議產業供應商之間的利益衝突呢？你們的資金來源結構是什麼，才能確保公正中立的服務？」

哈利維爾女士答：「三分之二的資金來自大倫敦政府（GLA）的補助，也就是納稅人的錢。另外三分之一來自於總共 1,400 家私部門會員繳納的會費，會員包括飯店、餐廳、場館、投資公司等。此外，我們辦宣傳或商展時，會提撥一部分政府補助款，同時向私部門募集資金，以平衡收入來源。」

哈利維爾女士解釋，倫敦發展促進署不會搶私部門的生意，例如：訂房、DMC（請見第 47 頁註腳）等工作。該署會提供會議活動主辦單位各項免費服務，但若談到後勤支援或訂房系統，就會轉給專業廠商執行。除此之外，倫敦發展促進署提供的諮詢、簡介、簡報等服務都不收費，而是由政府的資金補助。

我繼續請教要如何維持「公平公正」的會員服務。哈利維爾女士強調，該組織絕對以客為尊，依客戶的需求建議合適的會員廠商和解決方案。因為倫敦多數的飯店和會議場館都是會員，所以要推薦選項，通常不成問題。假如客戶需要的飯店或場

館不是會員，該署還是會推薦，「因為同仁熟知倫敦的會議市場，所以我們努力推薦最適合客戶的選項。但我們並沒有與任何飯店或場館談什麼優先推薦的條件。」

此時，同時受訪的葛來芬尼女士補充說：「倫敦市的交通很複雜，地區被劃分得很零碎。所以如果有會議想在東區的 ExCel London 會議中心舉辦，我們就不會推薦位在西區的飯店或供應商。」

說故事的能力

我在研究倫敦發展促進署 2014 至 2015 的營運計畫時，發現了「故事旅遊」這個詞，便藉機請教他們背後的策略。

哈利維爾女士解釋道：「要在不同的事業群中，找到相同的任務目標並不容易，像是投資、貿易、旅遊、留學等等業務，通常都是向不同的人傳遞不同的訊息。經過了長時間深層的研究之後，我們發現，其實所有的團隊都在做同一件事情，就是在『述說倫敦的故事』。我們告訴外人倫敦發生了哪些事、又是什麼讓倫敦成為一個偉大的城市。」

「我們的工作就是要尋找這些故事，並且告訴全世界，不管是倫敦的科技水準、知識經濟，甚至是前來倫敦投資的大公司等等，都成為故事的主要題材，我們講的故事可能和倫敦的文化景點或活動有關，我們也會描述哪一些會議或活動適合在倫敦舉辦，為什麼在倫敦可以吸引更多人參與會議……諸如此類。不同的部門有著相同的任務目標，就是要述說倫敦的故事，要讓聽眾覺得有意思。」

會議大使計畫

我問道：「和其他的會議局相比，你們的會議大使計劃有什麼不同呢？」

葛來芬尼女士回答：「我們最近才成立了會議大使計劃，過程並不容易。我們兩

圖 4-24　不同的部門有著相同的任務目標，就是要「述説倫敦的故事」，要讓聽眾覺得有意思。圖為倫敦街頭。

圖 4-25　哈利維爾：「我們告訴外人倫敦發生了哪些事、又是什麼讓倫敦成為一個偉大的城市。」圖為特拉法加廣場。

人在組織工作八年來，大家都説應該成立會議大使，可是現在倫敦有太多會議大使了。首相辦公室有一個計劃，市長也有一個計劃；我們則希望能吸引更多醫學界的教授，讓他們分享成功的故事，讓他們在各自的領域發揮影響力，把會議帶進倫敦。和其他的計劃相比，我們的想法最為務實，但因為倫敦的醫學界很複雜，許多教學醫院、醫學大學都想要接觸這些教授，而我們對這個領域所知還是有限，所以過程並不簡單。」

倫敦遭遇的困難倒是令我訝異，葛氏坦率的回答也讓人佩服。有的城市還未必有這樣的計畫或人才，但倫敦的挑戰卻似乎相反。

績效衡量的指標

接著我們談到對各種「排名」的看法，我問道：「我在你們的營運計劃中發現，倫敦的目標是晉升國際會議協會（ICCA）排名（詳見本書第 23 頁）前五名的城市行銷組織。這年頭有很多會議局好像沒那麼關心排名了，為什麼你們還要喊出這種口號呢？除了 ICCA 的排名，你們有沒有其他的方式衡量政府會議和企業會議的績效？」

哈利維爾女士答道：「ICCA 的排名畢竟是市場上唯一的公協會會議市場依據，讓我們可以和其他的國際會議城市比較，所以我們還是會參考。當然還有很多其他排名，像是城市魅力指標、發展機會指標等等，但是在會議產業中，ICCA 的排名還是唯一的指標。我剛加入組織的時候，倫敦還沒有加入城市之間會議競爭的戰局，當時我們就是根據 ICCA 指標，得以了解市場的局勢，至少可以讓我們知道誰表現得好與不好。當時的市長認為，我們只有 19 名，應該要努力擠進前 10 或前 5 名。不過您説得對，ICCA 排名沒有辦法衡量所有面向，這只是一個特定產業的指標而已。排名不是一切，卻是很重要的依據。」

葛來芬尼女士補充説：「我們也參考倫敦市飯店的住房率，還有會議場館的使用率。」

我追問：「ICCA 的排名只看公協會的會議，但是你們怎麼衡量政府和企業會議市場呢？有沒有一套自己的衡量工具？」

哈利維爾女士說：「我們有一套內部系統，可以衡量我們所帶進來的會議總共有多少價值，不過顯然這些會議只佔所有倫敦會議的一小部分，這個產業在全世界都一樣，所有的會議產值很難衡量。」

分享專業知識的聯盟

談到最近方興未艾的城際聯盟或區域合作等模式，哈氏坦言：「老實說我們沒有加入任何正式的城市聯盟。我們有和其他會議局合作，像我們和紐約緊密合作，因為倫敦和紐約兩個城市性質很接近，可是我們不是彼此分享會議的商機，而是

圖 4-26　倫敦的歷史地位與文化創意，是最引人入勝之處。圖為泰晤士河畔的 Butler's Wharf，背景為倫敦塔橋。

在一個比較高的層級分享情報。我們也和巴黎一起舉辦活動，如果有距離比較遙遠的國家要來英國辦活動，我們可能就會提議舉辦一個『倫敦－巴黎』兩地的共同活動。」

「我們有加入『未來會展城市行動聯盟（簡稱 FCCI，詳見本書第 119 頁舊金山篇）』，會員包括首爾、舊金山、德爾班、多倫多和雪梨。不過我們加入這個組織，不是為了分享情報──我認為分享商業情報的組織其實不太健康──而是因為所有成員都是市場上的領先者，而我們很樂於和他們一起分享資訊，一起成長。好比說，雪梨研究過許多會議帶來的經濟效益，我們對此深感興趣。而德爾班和首爾是剛起步的兩個新興會議城市，但這兩個城市都很願意分享專業知識，以及如何拓展公協會業務的經驗。我們不把 FCCI 視為一個情報分享的管道，如果有其他城市要競標某個會議，而我們過去曾經舉辦同樣的會議，我們自然樂於分享相關資訊。這個組織比較偏重於分享專業知識，這也是我們比較願意參加的城市聯盟。」

圖 4-27　倫敦是通往英國其他地方的大門，重點在於如何先把生意帶進倫敦。圖為泰晤士河南岸眺望市區之景。

國內競爭

談到競爭，我想起英國還有許多實力堅強的會議城市，如格拉斯哥和愛丁堡。我問：「我知道您們也和英國其他的城市行銷組織互相合作，但他們都是競爭者啊！要怎麼跟競爭者合作呢？」

哈利維爾女士回答：「這就要看我們想爭取的是什麼樣的生意。我們的確會和英國某些城市互相競爭。不過，有些城市不把重心放在國際會議，我們就可以合作。此外，全英國有一個『會議城市協會』，我們經常見面，彼此分享知識與資訊。」

「另一方面，我們把倫敦視為通往英國其他地方的大門，所以重點在於如何先把生意帶進倫敦，然後才可以把效益擴展到其他城市。此外，我們也會鼓勵與會者多停留幾天，前往其他地方走走，或者就在另一個城市舉辦會議的周邊活動。所以，我們確實曾和其他城市合作過，但有時候不免還是會競爭，像格拉斯哥就是倫敦的主要對手。」

葛來芬尼女士說：「對，像格拉斯哥、伯明罕、曼徹斯特等城市，有時候都是對手。有些城市會提供補（捐）助，但倫敦不會。這些城市或許可以拿到英國全國性的會議，但未必有能力舉辦很大型的活動。例如倫敦取得了 2015 年歐洲心臟醫學會（European Society of Cardiology）的主辦權。這場會議與會者近 3 萬人，是全歐洲最大的會議。這樣的規模，英國其他城市都無法承接。當然，除了比會議設施的規模，城市的研究發展能力等等也是關鍵。」

數位會議平台

我們最後聊到該組織近年來在發展的數位資訊整合平台[4]，任何人都可以藉由線上輸入場館、住宿、餐廳、服務的確切需求，即時找到合適的服務供應者。例如，

4　http://conventionbureau.london/venues

輸入場地面積、地點、活動性質等需求，系統就會立刻列出適宜的場館。這個系統外觀亮麗、操作簡便，還結合 Google 地圖檢視與商家搜尋，便利性比起各式的大眾訂房、訂位平台，實在有過之而無不及。

哈利維爾女士說：「我們的加值毛額（GVA）分析顯示，大型的國際活動相對價值高得多，所以我們花比較多時間為這些活動創造價值。三、四年前，我們發現有許多旅行社把我們當成場館詢問處。他們承攬的活動，人數幾乎都在 200 人以下，我們等於是浪費時間在他們其實可以自己處理的工作。因此，我們建立了這個服務供應者資料庫，提供友善的使用者介面。」由此可知，倫敦發展促進署確實做到根據嚴謹的分析和研究，擬定經營策略，並且勇於投資技術，不僅沒有放棄價值較低的客戶，還為廣大的使用者提供更加便利、完善的平台。

小結

倫敦發展促進署這個經濟發展組織，已大大啟發了全世界的城市行銷組織——整合各種對外集客的業務單位，彼此分享情報與資訊，產生綜效，提升資源投入的效益。其中，各業務單位都以倫敦的「故事」打動人心，塑造城市品牌，是另一個可以學習的作法。

除了目前會議市場公認的國際會議協會的排名，倫敦和許多城市一樣，也建立自身的衡量指標，如飯店住房率、場地使用率等，以精確掌握會議活動的效益與供需狀況。倫敦建立的資訊整合平台也便利了各類型客戶、會員和城市行銷組織，值得臺灣參考。

行銷一籃子好城市

德國國家會議局
執行董事 | 馬蒂雅斯・舒爾茲
Matthias Schultze
Managing Director, German Convention Bureau e.V

▎馬蒂雅斯・舒爾茲

2010 年起接掌德國國家會議局，此前曾任波昂國際會議中心（前身為西德政府國會大樓）執行董事長達 6 年，負責營運與行銷，亦為歐洲會中心協會（EVVC）副主席。舒爾茲具有企業管理學位，在德國內、外有多年的飯店與會議管理經驗，曾服務於巴登－巴登、巴黎、慕尼黑等地之飯店與希爾頓集團。舒爾茲畢業於海德堡飯店管理學校。

▎德國國家會議局

總部設在法蘭克福，目前有 15 位員工，200 個會員，來自 450 間公司。國家會議局成立於 1973 年，由三個策略夥伴共同創立，分別是德國國家旅遊局、德國國家鐵路公司以及德國漢莎航空，是一個獨立運作的協會，三分之一的財源來自會員繳納的會費，另外三分之二則來自行銷活動收入，例如德國國家會議局每年會在法蘭克福 IMEX 旅展中，出租展覽空間給會員承購，或是由會員出資進行市場研究。德國國家會議局並沒有向旅館徵收住房稅，而是將這項權利交由各城市會議局自行決定。

德國國家會議局設有理事會，共有 12 席理事，由上述策略夥伴佔其中 3席。會議局有三大支柱，第一是旅館業者，二是德國各城市和各邦的會議局與會議中心代表，三是會議產業服務供應者與會議公司。三大支柱各選出 3 席代表進入理事會。

會員與理事會之間的合作

如果說德國向來是全球的展覽大國，我想所有的人都會同意。不過，自從全世界最大的會議獎勵旅遊展 IMEX 於 2000 年起移至法蘭克福舉辦之後，德國也逐漸成為一個會議大國，並在全球會議業界人士心目中植入這個形象。德國國家會議局以其市場調查研究、國家行銷與生意平台聞名，自豪地推廣「一籃子好城市」。德國人專注踏實、誠懇開放、樂於合作的特質，都充分展現在會議局的業務當中。因此，我選擇以「合作」為題，切入與舒爾茲的訪談。

我提問：「請問該如何確保協會運作的效率？舉例來說，有些亞洲地區的會議局效率不如私人企業，在理事會的監督下，你們是如何維持企業運作效率的呢？」

舒爾茲先生回答：「我同時也是國家會議局的執行董事，負責會議局的營運，所以我每年和理事會開 3 次會，討論策略議題。我們有一個行銷委員會，每年開 2 次會，一起提供顧問諮詢，協助我們開發新的行銷活動與策略，這是一個很好的合作模式。」

圖 4-28　德國會議局全體同仁合影。

問：「那麼政府扮演甚麼樣的角色呢？過去會員之間有沒有發生過利益衝突呢？」

答：「不曾發生，因為德國國家旅遊局，也就是全國觀光主管機關，他們同時是我們會議局的創始夥伴，也佔有一席理事，由該局執行長代表出席。全國各城市的會議局也是我們的會員，所以可以保證資訊充分交流，而我們也一起行銷整個德國，把客戶送往各地會議局。我們將德國當作一個「會議國家」來行銷，所有的城市或地區都掛在德國國家會議局這塊招牌下，一起展開行銷。」

問：「舉個例子來說，假設有一團來自中國的獎勵旅遊團，人數眾多，柏林和法蘭克福兩個城市都希望爭取到這筆生意，甚至連慕尼黑都覺得自己才是最適合的，這時候您們要如何解決不同城市間的衝突呢？」

答：「這不叫衝突，這是競爭。對我們來說，最重要的是這團遊客能夠來德國，而不是去法國或其他國家。所以我們很高興德國有一籃子好城市，有規模、文化，更有豐富、多樣性的自然景觀。我們德國有這麼多選項，正是我們的一大優勢。我們的會員也了解這個情況，他們知道彼此之間必須互相競爭，但最終重點還是希望遊客能來德國。」

提供一個生意平台

我續問：「你們如何定位這個組織？比較像是行銷組織，還是以業務為導向的組織呢？」

舒爾茲先生回答：「我們主要是以行銷為導向的組織，不做業務或仲介服務，我們的任務是要為會員創造一個平台，讓他們能夠開發業務，與潛在的客戶聯絡。」

問：「您說您們以行銷為主，所以一般來說不會直接接觸客戶，邀請他們來德國辦活動，是這個意思嗎？這個工作是由各地會議局負責的嗎？」

圖 4-29　所有的城市或地區都掛在德國國家會議局這塊招牌下，一起展開行銷。圖為 2015 年 IMEX America 德國館洽談一景。

答：「沒錯，由各地會議局負責，細部工作也是他們執行。假設由我們去美國或亞洲邀請客戶來德國，客戶一定會先問：該去哪個城市呢？結果一兩個星期之後，柏林或慕尼黑又去找同一位客戶，這不是我們做事的方式，我們做的是替會員籌辦商機媒合活動，和好幾個會員一同認識客戶。我們行銷的是德國這個『會議國家』，但是由個別的會員向客戶推銷自己的城市特色、產品以及服務。」

問：「聽起來是很好的模式。我記得 2011 年國際會議協會（ICCA）在萊比錫舉辦的年會中，主辦單位稱讚這次會議的成就不只屬於萊比錫，是屬於整個德國，因為有好幾個城市的會議局一同合作舉辦這場年會，能否請您談談背後的故事？」

答：「這場年會確實是由萊比錫與許多會議局共同舉辦，他們一起和國際會議協會設計了一套精彩議程，所以可説是整個德國主辦的會議，而不只是萊比錫。這背後牽涉到一點歷史，國際會議年會上次在德國舉辦是在 1980 年代，於慕尼黑舉辦。那個時候兩德尚未統一，東西德於 1989 年，也就是 25 年前，完成統一，所以 2011 年這場年會（萊比錫位於前東德），對我們來說是柏林圍牆倒塌以後非常重要的一件事，會議的整體規劃卓越、出色。」

圖 4-30、圖 4-31

德國會議局行銷的是德國這個「會議國家」，但由個別會員向客戶推銷自己的特色、產品與服務。圖為 2015 年德國會議局於萊比錫之年會，會議地點為一歷史建築 KONGRESSHALLE。

| 4-30 |
| 4-31 |

「我們自 1963 年開始和國際會議協會一起蒐集產業的相關資料，此後每 10 年在德國舉行的國際會議數量，大約只有幾百場。而 2000 年到 2010 年間，迅速躍升至 5,000 多場，數量增加了 250%。由此可見，柏林圍牆倒塌以後，德國經歷了多大的成長，地理位置與地緣政治新局，促使德國發展成一個更適合會議與商務活動的國家。」

市場定位

問：「您認為在西歐國家的會議市場中，德國的定位策略是甚麼？要如何和英國、法國與西班牙競爭？」

答：「首先，我們認為德國不只是西歐市場的一部份，因為兩德統一以後，從地緣政治的角度來看，德國其實位於歐洲中央，所以我們不只聚焦在西歐市場，更是放眼全歐，也努力經營例如北美、中國以及其他亞洲國家的海外市場。我們的定位策略是，在德國辦會議十分經濟實惠，我們有優良的基礎設施，各地的主要產業皆擁有深厚的科學與經濟專業技術，這些在國際會議市場中都越來越重要，客戶希望會議主辦城市能夠具備這些特質，以便將會議內容連結到當地的專業技術與市場。」

創新是成功的關鍵

問：「能否請您談談企業會議與公協會會議市場的發展策略？」

答：「我們現在聚焦於會議的永續性與會議創新。我們知道有越來越多的公司，一直在尋覓永續的會議解決方案，他們想知道有什麼觀念、想法或策略，能讓會議更加環保永續。其次，我們也投入研發創新，畢竟這是所有德國人都很在乎的一點，客戶在德國舉辦會議，總期待有創新的產品與服務，更希望學習到創新的想法與觀念。有鑑於此，我們大力投資於未來科技與概念的市場研究，以及教育訓練，這是我們吸引更多與會者的關鍵策略之一。」

圖 4-32　德國國家會議局的六個重點產業：醫療照護、運輸物流、化學製藥、科技創新、能源環境、金融服務。

問：「在過去一年中，德國經營的重點產業是甚麼？比如聚焦在高科技或是金融業呢？」

答：「我們聚焦在六個重點產業：醫療與照護，包括醫事科技及健康照護；運輸與物流，包括汽車、運輸系統與航太；化學與製藥，如生命科學與生物科技等領域；科技與創新，從機械工程、資訊科技，到微電腦與奈米科技；能源與環境；金融服務。」

眾所渴望的會議主辦地

問：「我們知道德國會議局目前在紐約與北京都設有辦事處，能否請您談談對於新興市場的看法？對亞洲人來說，到德國開會路途遙遠、所費不貲，您要如何吸引他們呢？另外，很多國家都採用補（捐）助的策略，吸引主辦單位，您對於這種做法有什麼想法呢？」

答：「我們目前的確非常重視海外市場，但對於德國來說，歐洲仍然是需求最強近的市場所在。我認為亞洲和美洲也是類似情形，仍以國內與鄰近市場為發展重點。不過在全球化環境下，國際會議勢必持續增加，有越來越多的全球企業與國際組織，必須透過舉辦更多會議來解決全球性問題。德國就是解決問題的最佳地點，因為德國擁有很多創新與永續的解決方案，因此在德國開會是明智的選擇。對全世界來說，德國方便易達，從亞洲與美洲到此都十分便利，交通建設與基礎設施也非常完善，另外，柏林旅館平均房價每晚約為 85 歐元，但倫敦卻要價200 歐元，差異顯著。德國的產品與服務十分優質，開銷卻很划算，可說是物美價廉。我們不提供補（捐）助，而是提供客戶和會員創新的內容、專業知識、在地專技，以及科技產業聚落，我認為這些特色比補（捐）助來得更有意思。」

以研究說服政治人物

發展會議產業需要有長期的策略與經費，此時政治人物的支持就非常重要；不過負面政治力介入，往往會導致組織作風官僚、務虛而不務實。德國如何預防或應付這個課題，是我很感興趣的一點。

我再問：「您是否認為政治人物很難應付？比方說政治人物因為每四年選舉一次，所以比較關心短期政績而非長期發展，在這種情況下，您要如何說服他們放眼於長期目標？」

舒爾茲先生回答：「我們在 2013 年發表過一份研究報告，當中廣泛分析了會議市場趨勢，包括人口結構改變、永續發展以及科技和全球化大趨勢等，我們與德國會議產業的 9 個協會一起合作研究，同時發展了一套策略，確保德國能夠繼續在會議產業中保持領先。後來，我們有機會在德國國會的聽證會上呈現這份報告，證明會議產業對經濟確實有所貢獻，對於德國所有產業來說都很重要，能促進資訊交流、驅動創新。這次機會，讓我們與政治人物建立起良好關係。」

圖 4-33、圖 4-34

德國會議局以研究說服政治人物。圖為其 2015 年發布之會議活動產業研究報告。圖 4-33 顯示德國品牌發展策略效益持續成長，圖 4-34 說明會議主辦單位估計數位科技在會議的應用。

4-33
4-34

Veranstaltungsmarkt Deutschland weiterhin mit leicht steigender Marktentwicklung auf hohem Niveau

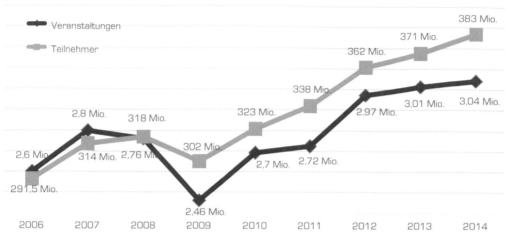

Basis: EITW, Anbieterbefragungen 2007-2015: Gesamtzahl der Veranstaltungen; Gesamtzahl der Teilnehmer

Technisierung der Arbeits- und Lebenswelten

Technisierung der Arbeits- und Lebenswelten

Veranstalter schätzen Bedeutung digitaler Technik hoch ein

Basis: EITW, Anbieter- und Veranstalterbefragung 2015: Technische Angebote für Veranstaltungen: Welche technischen Angebote sehen Sie als normal für eine Tagung über 100 Teilnehmern an?

彈性不可或缺

問：「我們記得 2008 年，整體歐元區慘遭金融危機與經濟衰退，在那之後，你們是否調整了經營策略？」

答：「2008、2009 年金融危機時，很多會員發展出新的商業模式，許多人因為具備彈性，也保持開放心態，願意修改經營策略與模式，而得以撐過那段時間。我認為，面對這種規模的金融危機，一定要保持彈性，會議產業尤是如此，如若只專營特定市場，比如企業會議，那麼生意絕對會受影響。但如果轉為偏重公協會市場，就撐得過來，因為比起企業會議，公協會會議相對較為穩定，較不受景氣波動影響。」

策略聯盟

問：「德國國內有沒有城市間的聯盟？比如慕尼黑和漢堡同盟？或是德國城市與法國城市間有無結盟呢？」

答：「國內多數城市都透過德國國家會議局彼此聯繫，我們等於是中間的橋樑。至於國際間，我們最近和所有的歐洲會議局組成了一個策略聯盟，決定要更加緊密地合作。目前為止有 22 個國家的會議局加入這個聯盟，準備共同行銷至歐陸外的市場。」

「在歐洲大陸上，我們彼此間當然是競爭關係，但出了歐洲就要緊密合作，在北美與亞洲進行市場研究。既然大家都對這兩大市場有興趣，何不攜手合作？」

「我認為這個策略聯盟至少有三個工作方向：一是市場研究，我們能互相分攤費用、分享資訊。其二是在亞洲或北美共同組織行銷活動，宣傳歐洲會議市場。其三是緊密溝通，向外宣傳歐洲作為會議主辦地的便利之處與其他優勢。」

圖 4-35　聯合國秘書長潘基文先生表示，開會是為了讓大家坐下來好好解決問題。圖為 2015 年綠色會議
　　　　研討會之討論。

開會是為了解決問題

問：「德國擁有許多享譽國際的大型藥廠，如今製藥產業面臨陽光法案的挑戰，
是否會影響到在德國舉辦的醫學會議呢？」

答：「我認為陽光法案對我們來說是一個大好機會，因為法案的精髓在於會議內
容，而會議內容正是德國的強項所在。我們擁有創新公司、世界頂尖研究人才、
優秀產品與傑出的工程師，地方經濟與科學專業知識與資源也十分雄厚，這些都
是吸引客戶決定會議主辦地點的要素。會議要在哪裡舉辦，重點不在哪裡的食物
好吃，而是會議內容有沒有吸引力。」

「幾年前，我有幸在波昂舉行的聯合國會議中見到秘書長潘基文先生，我向他請
教對於會議產業有什麼期待。他表示，會議為政治界解決了許多問題，開會不是
為了美酒佳餚，而是為了讓大家坐下來好好解決問題。主辦單位必須清楚明白一
場會議是為何而開，才能扮演好東道主角色，提供良好的服務，尋求適合的地

點、發展內容與專業技術。陽光法案強調的，正是醫學會議應該用心經營的內容，而非只注重享受。所以我認為，推出這項法案，正為我們創造良好機會。」

問：「未來的 5 到 10 年間，您認為會議局在會議產業中所扮演的角色將出現什麼樣的改變呢？」

舒爾茲回答：「我認為會議局過去 10 到 20 年間的發展非常成功。德國會議局創立於 1970 年代，是全世界第一波成立的會議局。過去 40 年來，許多國家紛紛成立國家會議局，可見會議產業是地方發展很重要的一環。因此，我認為對於國家與城市而言，會議局扮演的角色非常重要，會議局應該更專注在發展策略上，過去我們關心的多半是有多少住房數，賣出多少展覽空間，城市有什麼名勝景點或文化觀光旅遊特色，但這些因素在未來都不是關鍵優勢；未來，一個地方的競爭優勢，在於能為會議與活動創造什麼樣的內容，以及周邊的經濟與學術效應。」

小結

德國國家會議局以行銷為導向，將業務工作交由各地會議局負責，並建立了城市間的溝通平台，帶著各地一齊向歐洲以外的地區宣傳行銷。德國國家會議局的目標清楚，希望會議主辦單位與參加者不只滿足於德國的觀光與文化特色，更希望他們能體驗及學習創新的觀念與作法。獨特的會議內容與形式，才是德國區隔市場的利器。這樣的想法已經跳脫觀光的思維，進化為知識經濟的策略，令人欽佩與嚮往。

07 ——— 維也納
堅強團隊，雙城奇謀

維也納會議局
前執行長｜克里斯欽·穆契勒西納爾
Christian Mutschlechner
Former CEO, Vienna Convention Bureau

▌克里斯欽·穆契勒西納爾

會議產業的教父級人物。早在 1977 年即投身會議產業，在會議公司任職 8 年後加入維也納觀光局，自 1991 年起擔任維也納會議局局長，成功再造組織，不斷求新求變。他是前任奧地利會議局主席，曾任國際會議協會（ICCA）主席與理事、歐洲會議城市聯盟主席，成就非凡，獲得的表揚不計其數，包括 2011 年獲選進入會議產業諮議會（Convention Industry Council）之「領袖名人堂」、國際會議評論（International Meetings Review）之「年度風雲人物」。

▌維也納會議局

成立於 1969 年，隸屬於維也納觀光局，資金來源包括維也納市政府、維也納商會與其他贊助商，現有 11 名全職員工。2013 年在維也納舉辦之國際會議數量，國際會議協會認定 182 場、國際會議聯盟認定 318 場，均名列全球第三。

在國際會議業界，穆契勒西納爾先生是一位受人景仰的前輩，儘管他德高望重，仍然年年參加國際會議協會（ICCA）年會，不辭辛勞地分享經驗。每年年會總是忙著發表演講、主持討論；他予人的印象是望之儼然，即之也溫，中等身材，如音樂家一般的捲髮與招牌 POLO 衫，即使在人來人往的會場也不難辨認。

每屆年會上，他必定召開一堂「國際會議競標工作坊」，帶領全球各主要會議局首長，檢討案例，並把握這難得的機會，讓在座的各個「宿敵」，彼此分享競標的甘苦和情報（同業競爭者坐在一起解密、爆料的時刻，總是聊得盡興，說得過癮；當然，大家還是嚴守職業道德，不會揭發客戶資訊）。值得一提的是，2014年在土耳其安塔利亞年會的競標工作坊上，穆契勒西納爾先生引用了一份觀察研究報告，顯示各個會議局的競標作業與文件其實都有不少應注意而未注意的疏漏，大家應該要好好反省才是——猶記得老大哥此言一落，全場一片靜默，人人面有愧色。

當今會議產業，論輩份與熱情，穆契勒西納爾先生的地位，堪稱「教父」實不為過。本章 12 篇與各國會議局的訪談，首先完成電話訪談的就是這一篇。倒不是因為尊重其大老之地位，而是因為我向各大會議局寄出訪問邀請信幾個鐘頭後，便立刻收到他爽快的回應，令我驚喜萬分，倍感窩心，當然也免不了煩惱該如何提問。幸好他十分親切大方，在電話中侃侃而談，果然十足前輩風範。

以客為尊

穆契勒西納爾先生總是說，維也納會議局的成功沒有秘訣。維也納有先天的品牌形象，比如全市就有 345 座博物館和許多世界級的文化遺產。但是光靠博物館和品牌形象標不到國際會議，重點是如何耕耘市場。維也納會議局永遠以客為尊，例如穆契勒西納爾若不在座位上，他的電話，人人都可以代接。他也規定，所有電話鈴聲響起，三聲以內就要應答。

穆契勒西納爾先生表示：「我們的任務就是要把生意帶到維也納。所以要和全世

圖 4-36　圖為維也納奧地利會議中心（Austria Center Vienna）外觀。

圖 4-37　會議應該納入「知識產業」，因為會議可能激盪出新的研究題材。圖為維也納
　　　　奧地利會議中心大會堂。

界可能來維也納的客戶，像是公協會或當地的會員，建立起深厚的關係。我們尤
其看重比較小型的會議，因為大型會議地點的選擇決策，多數是由國際組織總部
決定。此外，維也納會議局早在 1970 年代便建立了電子資料庫，是歐洲最早實
施的會議局，多年來蒐集了龐大資訊。」

圖 4-38　維也納全市有 345 座博物館和許多世界級的文化遺產。圖為維也納市區。

紮實的研究功夫

　　想瞭解市場需求，基本研究和分析絕不可少。維也納會議局自 1991 年起與維也納經濟大學合作，開發了一個量化模式，計算會議活動對維也納的經濟貢獻，每年出版的《維也納會議產業報告》，鉅細靡遺地分析各類型會議數據，如各國與會者的住房次數分配表。又每五年會進行一次大規模的研究，其中最重要的是訪問與會者，至今已完成了將近萬人次。維也納經濟大學也訪問參展者和主辦單位，取得預算表，拜訪會議公司，以取得與會者在會期間的各項消費支出。

　　舉 2014 年為例[5]，維也納總共舉辦了 1,458 場公協會會議，與會總人次 38.1 萬，將近 120 萬間住房數（奧地利國內 679 場，12.8 萬人次；國際會議 779 場，25.3 萬人次）。企業會議共有 2,124 場，與會總人次近 14 萬，住房數 29.1 萬間（國內 832 場，近 4 萬人次；國際會議 1,292 場，10 萬人次）。所有會議共創造

5　維也納會議局對國際會議的定義是「有半數以上與會者來自國外」，換言之，認定的標準明顯較國際會議協會（ICCA）和國際會議聯盟（UIA）的定義寬鬆。

圖 4-39　圖為霍夫堡（Hofburg）會議中心。

了近 9 億歐元的 GDP，貢獻 17,259 個全職工作機會，平均計算下來，國內會議每人每天花費 252 歐元，國際會議每天 879 歐元。

這類型研究對會議產業各個環節的決策者而言是重要依據，除了能取得整體市場的消費者偏好，更能明瞭會議產業直接造就的經濟產值和對城市及國家的貢獻，特別是讓政治人物瞭解會議產業的發展。

會議產業的發展定位

談到政治人物，穆契勒西納爾先生解釋為何政界必須重視會議產業，視其為國家經濟與發展的關鍵：「他們必須知道會議上發生了什麼事，為什麼要籌辦會議。這些問題，不只財政部長要懂、觀光產業主管機關首長要懂，主管教育或科學研究的部長也必須瞭解，會議可協助個人、企業和組織，特別是整體社會的發展。」他認為會議產業不是觀光產業的一部分，國際會議協會（ICCA）、國際會議顧問

協會（MPI）、國際會議公司協會（IAPCO）、國際會議中心協會（AIPC）、國際獎勵旅遊管理者協會（SITE）、歐洲城市行銷聯盟（ECM）等組織都主張，「會議」應該納入「知識產業」，因為會議討論的可能是教育，可能激盪出新的研究題材。會議固然有觀光的成分，畢竟與會者有旅宿、餐飲的需求，但隨著時代改變，許多數據顯示會議產業應自成一格，不再單純只是觀光的一環。

此外，穆契勒西納爾先生認為應該從不同的角度看國際會議業務，譬如「城市的物價高」向來是決定旅遊目的地的重要因素，但卻不再是決定會議地點的主要考量。國際會議協會的數據顯示，醫學會議占整體國際會議 20% 之多，在維也納則占了 50%。「現在醫學會面臨許多（禁奢）法規限制，我們不能再以各種觀光旅遊特色行銷城市。現在的趨勢是，主辦單位會強調：『我們是個教育平台，所以大家是來學習的，不是來觀光的。』再說，即便主辦的公協會屬於非營利組織，他們也會舉辦一些很『賺錢』的活動。」言下之意就是，物價並不是很重要的因素。

針對亞洲許多城市和國家紛紛祭出補（捐）助手段吸引國際會議，穆契勒西納爾先生直言：「聽說亞洲正在打價格割喉戰，競爭只限於補（捐）助的層面，而非城市的產品和服務的供應鏈品質。」「為什麼我們要提供補（捐）助呢？我們是做生意的，不是做慈善的。以城市行銷的角度來說，應該要思考當地的會議相關接待和設施能否滿足與會者和主辦單位需求才對。」「這樣說或許有點不厚道，但補（捐）助越多，代表你的產品就越有問題。」

他坦言：「並非全世界所有地方都必須成為會議城市，有些地方或許比較適合作為旅遊地點。」要拒絕上門的生意固然不容易，但要發展會議業務，也需要足夠的信心，所以應該先仔細分析自身條件。「現在，很多地方的會議中心如雨後春筍般興建，卻沒有先好好研究國際會議市場。中國近年來也蓋了很多場館，主要因為中國境內的會議和大型活動需求暢旺，場館卻不足，所以才需要增建。假設有一天中國準備發展國際市場，那就要小心了，因為屆時將面對來自各國會議局的競爭，遲早得投入更多資金，發展國際會議產業。」

圖 4-40　圖為維也納奧地利會議中心入口穿堂。

圖 4-41　圖為維也納會展中心（Messe Wien）。

與競爭者合作：與巴塞隆納締盟

在國際會議市場，城市與城市之間彼此競爭激烈，同國家的兩個城市尚且可能互不相讓，更遑論同一區域內的大城市。然而，維也納和伯仲之間的巴塞隆納，兩座城市居然能夠結盟，在許多商務旅展上並肩行銷，跌破眾人眼鏡，剛開始或許難以置信，仔細思考不禁拍案叫絕。

兩個城市的會議局早在 1995 年開始建立合作默契，1999 年共同籌辦公協會會議人員論壇（Associations Conference Forum）[6]，2006 年在北京國際商務及會獎旅遊展覽會（CIBTM）上，第一次設立共同宣傳的攤位，2014 年雙方在美國 IMEX 旅展的共同攤位上「競合（coopetition，為合作與競爭二字的結合字）」，更因此獲得展場創新獎的殊榮。這兩地成功的合作模式，啟發了許多類似的結盟關係和大規模的區域合作。既然有幸訪問到雙城奇謀的發起人之一，當然要多了解背後的故事。

穆契勒西納爾先生回憶道：「其實我們並未與巴塞隆納簽約，沒有多花錢，沒有設立管理人或組織，基本上就是一個君子協定。雙方先坐下來談合作的意義，基本的策略就是：一旦有機會，我們就一起參加歐洲以外的行銷推廣活動，重點不在於客戶『想選擇巴塞隆納或維也納』，而在於『把會議拉到歐洲』，就這樣順利合作了好幾年。我們甚至和客戶簽約，約定會議一年在維也納、一年在巴塞隆納舉辦。」

我問道：「雙城結盟是否帶來什麼綜合效果呢？」

穆契勒西納爾先生回答：「當然！我們已經一起簽下三筆生意，客戶要麼就是每年在兩地輪流開會，不然就是巴塞隆納和維也納成為客戶主要的輪流地點。以客戶的角度來說，會議地點夠不夠好玩，已經愈來愈不重要，重點是當地的後勤支援完善與否。如果用產品來比喻，巴塞隆納和維也納還蠻相似的，但關鍵的差別

6　只限內部設有會議部門的國際公協會參加，多為醫學領域組織。此論壇提供上述專業同儕討論共同挑戰，全球僅歐洲獨有。

在於巴塞隆納地處南歐海岸，維也納則在歐洲中部，氛圍完全不同。對主辦單位而言，他們不必再選一個新的地點，更無須重新向另一個城市解釋需求。有的客戶已經一口氣簽訂六年、三個循環，亦即巴塞隆納三次，維也納三次。如此一來，客戶更能專注於會議的內容。」

會議局的未來

話鋒一轉，又回到會議局的角色定位。我請教穆契勒西納爾先生，他是否認同會議局未來會轉型，趨向如倫敦開發促進署（詳見本章第 5 篇）一般的多元模式，集會議、留學、招商等業務於一身。

穆契勒西納爾先生回答：「首先，觀光和城市行銷、會議業務，必須分為兩個領域看待。前者看的可能是未來 18 個月的生意，但我們會議局做的是 5 年、6 年甚至 7 年以後的案子，經營的是學術與商貿的長期業務，所以客戶關係的維護方式不同，關鍵的差別在於會議局和客戶往來是採『組織對組織』的模式，而城市觀光行銷接觸的是每一位消費者。我還是認為應該站在客戶的角度做生意。如果客戶想在維也納辦會議，不會想跟招商單位談，而是直接洽詢當地的專業會議對口單位，因為他們比較瞭解會議和與會者的需求。不同的城市行銷模式各有利弊，我認為目前市場上沒有一個明顯的趨勢，一切都取決於地方的政治環境，取決於政治人物的心態。」但他接著指出，問題是政治人物每四年就要重選，而會議產業看的是長期業務，然而七、八年內政局勢必又會改變。

識人與育才

我同意他對於長期經營的看法。談到長期，人才是另一個關鍵變數。維也納會議局上上下下只有 11 人，平均年資 8.5 年，足以和國際市場建立長久的關係。穆契勒西納爾先生不僅樂於分享，更積極培訓維也納會議局的新進員工。每位新進同仁都必須經歷三年的訓練，第一年要參加歐洲城市行銷聯盟的暑期課程，第二年參加國際會議協會的「研究、業務、與行銷研習營（ICCA RSMP，2016 年起

圖 4-42　城市行銷組織經營的是學術與商貿的長期業務，面對的是組織型客戶，有別於一般的休閒觀光業。圖為霍夫堡會議中心。

改稱 Association Meetings Programme）」，第三年參加國際會議公司協會課程及國際會議協會年會。有些年，甚至會議局的員工全體出席國際會議協會年會。他強調這是一項投資，除了培養同仁成為專業的業務，也藉此讓大家建立人脈，並營造會議局的整體形象。

他習慣親自主持應徵者的第一次面試，篩選後再由另兩位資深同事第二關面試，且面試全程都以英語進行，但不事前通知。之所以這麼做是因為：「畢竟，我和我的團隊要和這位新人相處好幾年，所以要從頭認識他。」「有些問題學校教過，一問就得到正確答案；但人與人之間的微妙氣氛卻得親自感受，才能得知這個人能否和大家相處融洽。」他對自己的識人之明信心十足，往往從第一次見面的舉手投足和談吐熱情，便可確認對方是否適合會議產業。

圖 4-43　維也納會議局 11 人平均年資 8.5 年，足以和國際市場建立長久的關係。圖為霍夫堡會議中心圓頂雕像。

小結

穆契勒西納爾的分享著實開拓了我的視野。他告訴我們，不能只用觀光的角度看會議市場。經濟、教育、科技部門都和會議產業息息相關；維也納建立的統計模型令其得以精準掌握市場脈動，而不用單純地依賴國際會議協會的排名；另外，歐洲市場受到醫藥產業自律之陽光法案的衝擊後，城市行銷的訴求不再強調觀光旅遊或休閒娛樂特色，反而訴求各城市的會議是「教育平台」；維也納與競爭對手巴塞隆納的合作關係也讓其他城市開始思考，城市與城市間除了激烈競爭，是否還有另一種可能？

BarcelonaTurisme
Convention Bureau

巴塞隆納會議局
主任｜克里斯多福‧特斯瑪
Christoph Tessmar
Director, BarcelonaTurisme Convention Bureau

▎克里斯多福‧特斯瑪

德國人，於 2012 年接掌巴塞隆納會議局，早先擔任賽諾菲大藥廠駐西
班牙會議及活動經理一職近 13 年，曾任西班牙 UNITEX HARTMAN 藥品
醫療與大宗消費業務、德國 Boehringer Manheim 駐西班牙醫療會議經
理、西班牙藥廠業務、藥廠駐南美洲業務代表等職務，精通醫學會議市
場。

▎巴塞隆納會議局

屬於巴塞隆納觀光局的一個特別組織，由巴塞隆納市議會、工商及運輸
商會，以及巴塞隆納城市行銷基金會於 1983 年共同成立，同時接受企
業贊助，現有 340 餘個來自會議相關產業的會員，包括飯店、會議顧問
公司、DMC 等。巴塞隆納每年舉辦之國際商務旅遊展（ibtm world）吸
引超過 15,000 的買家和參展者，是會議和獎勵旅遊產業的一大盛事。

奧運帶動的會展城市

巴塞隆納是個熱情又美麗的城市，給人的印象，不脫高第（Antoni Gaudí）的奇幻建築、風格華麗的足球勁旅，還有中華成棒代表隊奪銀的 1992 巴塞隆納奧運會——至今仍然是臺灣成棒的最高成就。

作為西班牙第二大城及加泰隆尼亞自治區首府，巴塞隆納向來自成一格，寬闊的街道旁處處是建築藝術瑰寶。巴塞隆納利用 1992 年夏季奧運成功再造，打通市區聯絡道路，活化了因為產業外移而破舊的工業區。當年的奧運村，仍然是當地人與遊客喜愛的景點。此外，巴塞隆納更是近五年來國際會議與會者最多的城市（見表 4-1），現有四個大型國際會議中心和近 400 間飯店。這個地中海岸的藝術之城，先天的觀光特色固然吸引人，但若沒有絕佳的會展設施與業務能力，恐怕也難以睥睨群雄。

表 4-1　2010 ～ 2014 全球主要城市國際會議與會者總數預估值

	城市	2010	2011	2012	2013	2014	Totals
1	巴塞隆納	140,842	60,859	89,826	124,720	127,469	543,716
2	巴黎	68,576	113,644	97,440	86,766	130,516	496,942
3	維也納	88,805	91,647	133,520	99,251	81,902	495,125
4	阿姆斯特丹	83,406	93,002	73,962	110,050	79,356	439,776
5	柏林	83,534	79,784	102,293	73,049	76,880	415,540

資料來源：國際會議協會統計資料庫

1992 年舉辦奧運會後，巴塞隆納開始城市再造，並在十年內成為廣受歡迎的旅遊地點與會展城市，旅館住房數翻倍成長，國際旅客佔比飆升，大型活動開始成為城市的重點發展策略。

巴塞隆納曾於 2011 年舉辦四年一次、規模上萬人的國際紡織成衣機械展（ITMA），也是每年國際商務旅遊展（ibtm world）的所在城市。近年來最受矚

圖 4-44　高第（Antoni Gaudí）的奇幻建築，構成了巴塞隆納的城市印象。圖為
　　　　　「米拉之家」。

| 4-44 |
| 4-45 |

圖 4-45　當年的奧運場館，如今成為奧運公園，是當地人與遊客喜愛的景點。

圖 4-46 圖為著名建築奇才高第設計的聖家堂。

Temple expiatori
de la
Sagrada Família

目的年度大會展非世界行動通訊大會（Mobile World Congress）莫屬，該活動自 2007 年起由法國坎城移至巴塞隆納舉辦，每年吸引八至九萬人參加，全球資通訊大廠無不趁機大顯身手，發表新品。巴塞隆納獲選為 2018 年的世界行動通訊之都，屆時可望創造 35 億歐元產值與數千個就業機會。

大型會展活動的挑戰與因應

然而，這些超大型會展真的對城市有幫助嗎？巴塞隆納會議局是否打算爭取更多這樣的活動呢？特斯瑪先生答道：「這些超大型會議或展覽活動很好，但 2,000 至 5,000 人的中型會議也很重要。我們當然希望會議規模愈大、參加者停留愈久。但另一方面，如果想爭取超大型會展，相對地也必須付出較多成本。」

我接著追問，巴塞隆納會議局要如何在大、中、小型會展中尋求平衡？他說：「好問題，但願我有答案就好了。現在我們常常被抱怨旅館容量不足的問題。譬如，有個大型會議活動在某會議中心舉辦，周邊的旅館都沒空位了，導致附近的會議中心無法接下其他會議，我們也無可奈何。如果有大型會議能來，會議局就去爭取。我們不會為了旅館問題而放棄，也不可能協助其他會議中心取得旅館房間。如果城裡有兩座以上的會議中心，其中一座有活動，旅館客滿，另一座就會沒生意，這種問題各地都無法避免。」

「世界行動通訊大會舉行時，我們曾嘗試協調解決這個問題。譬如三星想在會前舉辦一些新品發表會，我們便說服他們在大會主場館以外的會議中心舉辦，如此一來後者就不會受到大會影響而閒置。」

大型會展活動帶來的另一個挑戰是對人文自然環境的衝擊，交通工具、飯店備品和餐飲食材等消耗，也是亟需面對的議題。這一方面，巴塞隆納是會展界的模範生。該市在 2011 年，成為全球第一個獲得永續旅遊組織（Institute for Responsible Tourism，為聯合國教科文組織與世界旅遊協會資助單位）認證的「世界最佳生態旅遊目的地（Biosphere World Class Destination）」，接著於翌年開始推

圖 4-47　巴塞隆納向來自成一格，
　　　　　寬闊的街道旁處處是建築
　　　　　藝術瑰寶。圖為阿格巴塔。

動「巴塞隆納永續旅遊計畫」，目前已有 23 家會展、飯店和運輸業者加入，承諾實施節能減碳等綠色措施。這種由上而下的覺醒和決心，值得我們思考學習。

同心同調

聊到這邊，我想到近年來很多亞洲的二、三線城市都喊出「會展城市」的發展口號，但事實上未必所有地方都具備足夠的魅力。因此，我請特斯瑪先生從「會展大城」的角度，給這些城市的政府和業者一些建議。

他客氣地表示彼此的經驗恐怕無法相比較，且這年頭經營會展實在不簡單。不過他強調，巴塞隆納的成功關鍵，在於所有重要的夥伴都能彼此理解與合作。例如會議局在規劃專案時，將近 400 間飯店旅館業者幾乎都願意配合，譬如讓會議局

圖 4-48　巴塞隆納的成功關鍵，在於所有重要的夥伴都能彼此理解與合作。圖為加泰隆尼亞傳統舞蹈。

可以直接先訂下大量旅館房間，而不用一一向業者說明活動內容。所有的事業夥伴也會一起擬定產業計畫，說服市長和觀光產業主管機關，請他們重視會展產業的發展。

「合作是成功的關鍵，我知道很多地方的飯店、會議中心、政府都各走各的路，和會議局不同調。如果每個人一心只想自己賺錢，就很難同心協力。但如果客戶和我們接洽時，發現大家步調都一致，就會非常高興。」

維護品質，保持中立

我接著問：「不過，會議局要怎麼保持中立呢？如果您們沒有推薦某些會員給客戶，他們會不會抱怨？」

特斯瑪先生說：「我們有一套透明的、輪流推薦的流程。如果客戶要求我們提供三個會員的聯絡方式，我們就提供三個；下一個客戶要三個聯絡人，我們就給另外三個。要成為巴塞隆納會議局的會員並不容易，不是想加入就能加入，必須通過同業推薦才行。如果是 DMC（請見第 47 頁註腳）想加入，就得要其他的DMC 寫信推薦。會議局裡有個很大的委員會，每年開兩次會審核入會申請，藉這個機制保證我們介紹給客戶的會員品質都沒有問題。」

「老實說，會找我們詢問的客戶愈來愈少了，因為他們愈來愈專業，常常自行找尋飯店或其他服務。如果客戶需要我們的會員幫忙，我們就協助介紹；如果他們很清楚自己要什麼，我們就不用出手。」

「無論如何，我可以跟您保證巴塞隆納會議局絕對公平，絕不偏袒，沒有會員享受特別待遇，且我們也不向任何人拿錢。我們的作法中立、公開、透明，但還是有人會抱怨，有些會員就是想拿到多一點生意；不過，該怎麼辦就怎麼辦。」

多元資金來源，分散風險

錢總是一個問題，不只私部門企業或組織會受景氣影響，許多靠公家預算做事的單位也受預算榮枯之苦。於是我問特斯瑪先生，像巴塞隆納會議局這樣仰賴多元資金管道的城市行銷組織，是否也會遭遇財源不穩定的困擾，尤其自2008年起的全球金融危機和歐債危機，是否使會議局捉襟見肘呢？

特斯瑪先生坦言：「這幾年西班牙的經濟確實很困難，失業率居高不下，巴塞隆納市政府可動用的資源也很少。會議局隸屬於公私合夥的觀光局，觀光局的資金大約一半來自於市政府，另一半來自工商與運輸產業的商會，景氣差的這些年，商會就沒有錢，而其餘的收入則來自會員繳納的會費。」

「幸好巴塞隆納所在的加泰隆尼亞自治區，從2012年底開始徵收旅遊稅，專門用來支持城市和自治區的行銷工作。稅款由區政府徵收，然後半數撥給自治區內

圖4-49 巴塞隆納每年有750萬名遊客，旅遊稅加總起來十分可觀。圖為藍布拉大道上米羅（Joan Miró）的馬賽克鑲嵌。

各城市運用。所有來此住宿的遊客，退房時都要繳交這筆稅捐，稅率依旅館的級別而定。如果是住五星級飯店，每晚要付 2.5 歐元、四星級 1.25 歐元、三星以下 0.75 歐元。巴塞隆納每年有 750 萬名遊客，所以旅遊稅加總起來十分可觀，而巴塞隆納市的稅收，就佔了加泰隆尼亞的四成，這些錢讓我們得以渡過難關。」特斯瑪先生補充，除此之外，會議局也有自售產品的營收，譬如透過官方網站的線上商店就可以買觀光巴士和遊艇的票券、巴塞隆納觀光卡等等，不無小補。

醫學會議被迫從簡

特斯瑪先生當過藥廠業務，也辦過醫療產業會議，十分熟悉醫學會議，我當然要藉機好好請教他對「陽光法案」的看法。

長期以來，醫學會議就是藥廠「奉獻」的大好機會，不論是什麼專科別的會議，相關的藥廠和器材商都必須把握機會出資贊助大會，或是資助醫師出國開會的餐旅、甚至是花費開銷。而醫學會主辦單位也理所當然地把會議辦在頂級飯店、度假中心，餐飲宴會一定是最高規格，這些都是行之有年的潛規則。然而，過去幾年因為種種因素，西方國家（也就是國際藥廠所在）陸續立法，鉅細靡遺地限制醫學會議的規格，有些國家還要求醫師必須公開出國花費的資金來源，而開發中國家也紛紛跟進，設立各種陽光法案，提升透明度。然而，身在第一線的會議產業開始頭痛，一方面得研讀各國法案（歐盟各國的做法便不盡相同），一方面還得在種種限制下籌辦令人滿意的會議。

為此，我請教特斯瑪先生，以他的專業角度來看，這些法案將如何影響會議局和會議公司？什麼樣的組織會受惠？未來的醫學會議將有何不同？

特斯瑪先生直率回答：「會議局和會議公司必須瞭解法規，然後告訴醫學會主辦單位哪些事情可以做、哪些不行。」

「我敢說，如果主辦城市或會議公司不遵守新的法規，生意就玩完了。歐洲，尤其是西班牙，法規訂得很嚴謹。因為我的身分，所以知道很多業界消息。西班牙製藥產業協會（Farmindustria）負責監督實施陽光法案，確保所有人都遵守。例如，西班牙現在有一條規則，絕對禁止醫學會發送所謂的『小禮物』。」

「另一個重點是提升透明度。如果你是受邀參加醫學會的醫師，必須同意並簽署文件，讓資助你的藥廠在網站上放上你的姓名，以及藥廠資助的項目和金額。這個規定可不容易，如果藥廠不遵守，醫生就不能受邀參加醫學會。您可以想像，要是醫生都沒去，醫學會就沒多少人參加了。」

我說：「那您認為藥廠的作風會因此改變嗎？」特斯瑪先生說：「當然。假設以後諾華大藥廠（Norvatis）去某個醫學會擺攤位，他們只能端水和咖啡，不能送禮物，不能招待飲料或食物，連 2 元、2 角的贈品都不能送，甚至筆也不行——醫生拿不到筆，也就不能開處方籤了。」

「我覺得這些法案不只為了杜絕腐敗，也是想扭轉藥廠的形象，他們過去出手太闊綽，我辦過奢華的醫學會，所以很清楚。假如有病人吃糖尿病的藥，突然出了問題，卻發現開藥的醫師受藥廠資助跟老婆去加勒比海『開會』一個禮拜，這樣就不對了，因此我很贊同修法。不過，連支筆也不能送，未免太誇張了，一支筆又不能影響什麼。」

「其實醫生並不在乎開會的地方是五星級還是四星級飯店，只要場地符合條件就好。但會議公司必須研究所有規定，並且說服主辦單位做正確的決定。現在連娛樂節目都禁止了，會議公司就要提醒主辦單位，說明晚宴上有節目是不合法的。」

人才是所有產業的基礎，所以在訪問的最後，我請特斯瑪先生就自己過去在不同產業、不同國家、不同性質的工作經驗，給想進入會議產業的年輕人一些意見。

特斯瑪先生想了想，很誠懇地說：「首先，要喜歡自己做的事情。第二，語言和國際經驗很重要，要去世界各地走走看看，嘗試在其他國家做一些事情，而且一定要學習各個地方不同的做事方式。畢竟，如果想在這個產業成功，就必須理解世界其他地方怎麼工作、怎麼思考、怎麼簽約、怎麼講話，並要有熱愛與熱情。」

小結

城市行銷組織最大的挑戰是如何保持中立。城市行銷組織是在第一線跑業務的單位，也通常是客戶第一個想要接觸的窗口，所以往往擁有最多商機。此外，城市行銷組織的推薦，也有助業者取得生意。然而，由於城市行銷組織大部分經費來自稅收、特許事業、會員的會費，如果在接洽、轉介時稍有偏頗，勢必會引發會員抱怨。因此巴塞隆納的原則與信念，堪為業界表率。

另外，由於大型會展活動帶來的人潮和製作的物資會破壞環境。每個人當然都希望城市取得生意、創造就業，但也顧慮環境的衝擊，因此城市行銷組織也必須肩負保護環境的責任，才可以獲得居民長期支持。巴塞隆納在永續環境和生態旅遊的努力，值得我們仿效。

09 ——— 哥本哈根

PPP 啟動會議革命

前主任｜史汀・賈克布森
（現任杜拜會議局主任）
Steen Jakobsen
Former Congress Director, Wonderful Copenhagen Convention Bureau
(Now Director of Dubai Business Events）

哥本哈根會議局
主任｜尤納斯・維爾斯卓普
Jonas Wilstrup
Congress Director, Wonderful Copenhagen Convention Bureau

▎史汀・賈克布森

曾任職哥本哈根會議局主任將近 8 年。現為杜拜會議局主任，全球最佳
會議城市聯盟（BestCities Global Alliance，詳見第 52 頁）現任理事及前
主席，曾任 ICCA 第三副主席及 6 年理事、綠色會議產業協會（GMIC）
理事。

▎尤納斯・維爾斯卓普

曾任丹麥 HORESTA 酒店公共關係總監、丹麥商會公共事務部主任及資
深顧問，熟稔公共關係和企業與政府間的溝通。

▎哥本哈根會議局

成立於 1989 年，為哥本哈根市、大哥本哈根首都地區、以及當地會議
產業業者共同組成的非營利、公私合夥的中立組織，服務其會員與會議
產業，現為 ICCA 與其他多個全球會議產業協會會員，是「全球最佳會
議城市聯盟（Best Cities Global Alliance）」的創始會員，而該組織甫獲得
2014 年 ICCA 的最佳公共關係獎。目前有 16 位正職人員，免費為會議主
辦單位和協會客戶提供資訊與諮詢，包括會議競標文件製作。

右上：尤納斯 · 維爾斯卓普

左下：史汀 · 賈克布森

我總是覺得丹麥人既聰明又有洞察力，而哥本哈根的城市行銷活動的確也年年讓業界驚喜。哥本哈根近年迭有突破，除了因為尤納斯的領導有方，一大部分也要歸功於第一位受訪者史汀的努力。史汀也是我在國際會議協會理事會的前輩。史汀離開哥本哈根、被挖角到杜拜後，爭取國際會議協會至杜拜設立其中東地區辦公室，奠定杜拜在中東地區協會型會議城市的基石，又爭取到幾場指標型會議，包括會議管理業界的組織──國際會議顧問公司協會（IAPCO）2017 年年會、全球會議業界的年度盛會──國際會議協會年會 2018 年年會，加上 2020 年的世界博覽會（World EXPO）等，昭告世界杜拜是全球的會展、貿易、教育和新創中心。總之，要得知哥本哈根的成功祕訣，這兩位人物都是必訪問的對象。

哥本哈根會議局的經營模式非常特殊，效率與效能俱佳，是公私部門合作雙贏的典範。會議局和另外三個組織都隸屬於城市行銷組織「美妙的哥本哈根（Wonderful Copenhagen，簡稱 WoCo）」。WoCo 成立於 1992 年，比會議局晚 3 年，由此可知是 WoCo「整併」了會議局。所以，要介紹會議局，就不能不先從 WoCo 講起。

美妙的哥本哈根

WoCo 是哥本哈根的官方城市行銷組織，由公、私合資組成董事會，實踐企業化的管理效率。組織下有哥本哈根會議局（又稱 Meetingplace，是最大的組織）、行銷哥本哈根郵輪的 Cruise Copenhagen Network（又稱 Copenhagen Adventures）、行銷休閒事業的 Copenhagen Alliance，以及負責演唱會、慶典和運動賽事的 Copenhagen Events 共四個獨立運作的產業網路，一同經營 WoCo，但各自仍有獨立團隊和理事會。這種營運模式，讓業者可以選擇加入一個或數個適合自己事業性質的產業網路，以獲得最佳利益。

WoCo 的任務是提升丹麥首都區在體驗經濟時代的競爭力，創造旅遊業的就業機會，目標是將整個哥本哈根打造成北歐第一的體驗旅遊、遊艇娛樂和會議主辦地，主要工作包括國際行銷、公共關係、招攬活動、提供旅遊服務、擬定策略和研發創新。

圖 4-50　美妙的哥本哈根組織圖。

圖 4-51　WoCo 的目標是將哥本哈根打造成北歐第一的體驗旅遊、郵輪娛樂和會議主辦
　　　　地。圖為哥本哈根市區運河遊船。

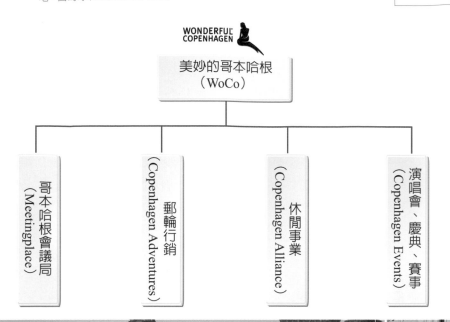

美妙的哥本哈根
（WoCo）

哥本哈根會議局
（Meetingplace）

郵輪行銷
（Copenhagen Adventures）

休閒事業
（Copenhagen Alliance）

演唱會、慶典、賽事
（Copenhagen Events）

早年，觀光旅遊相關產業各自擁有行銷組織，直到 1992 年，才由丹麥中央政府產業部提議整併，成為公私合夥的城市行銷組織。產業部也在 WoCo 創立的前幾年出資扶植，讓各產業有時間募集私部門的財源。WoCo 初期的年度預算約為 2,000 萬丹麥克朗（相當於 9,680 萬新臺幣），且半數來自產業部。

今日的 WoCo 經費來自於公、私部門與自身的營收。其中少部分來自銷售「哥本哈根卡」等商品，以及歐盟給的補助，大部分則是自願參加的業者繳納的會費。業者和政府訂下的遊戲規則是：「我們出多少，政府就出多少。」換言之，WoCo 號召了多少業者、收到多少會費，政府就要提供相對金額的資金。

公部門的資金來源，則來自哥本哈根周邊幾個行政區共同管理的委員會「丹麥首都區（Capital Region of Demark）」，實際上就是一個政府機關。該單位每年補助 WoCo 約 45% 的資金，2013 年時出資已達到每年 4,100 萬丹麥克朗（約 1 億 9,840 萬新臺幣）。

政府認為 WoCo 負責的應該是發展和落實觀光業的行銷策略，一方面與當地政府機關密切合作，一方面必須保持彈性、具備企業的效率。自 2009 年至 2013 年，WoCo 每年創造的產值增加了 60%，達到 6,000 萬丹麥克朗（約 2 億 9,000 萬新臺幣）以上，績效相當可觀。

產業與會議局簽約

哥本哈根會議局雖隸屬 WoCo，但與其他會議局不同的是，該局有自己的理事會，共有 8 位理事，其中 WoCo 只占 1 席，由 WoCo 的執行董事擔任，其他 7 席都是由業界出任，所以可以說是由產業掌管會議局的運作。WoCo 每隔 2 到 3 年會和會議局簽約，訂定工作目標，例如會議局應該辦理幾場海外說明會，參加多少場商展，取得多少潛在客戶資料，提供哪些會員服務等等。

理事會有權制定年度預算，並決定收取多少會費。若會員是飯店業者，費率就按

圖 4-52　哥本哈根會議局效率與效能俱佳，是公私部門合作雙贏的典範。圖為哥本哈根
　　　　會議局全體合影。

	4-52

圖 4-53　會議局跟業者保持密切、頻繁的聯繫，使其了解會議局完全是為會議客戶的利
　　　　益著想。圖為 Bella 會議中心。

	4-53

飯店的房間數計算，例如每多一間房，年費就多 20 歐元；若是場館業者，就按照場館規模計算，因為飯店和場館愈大，自然愈受惠於會議局提供的服務。業者繳納的會費，為會議局帶來不少收入。此外，如同前面介紹的出資模式，會議局收到業者多少會費，WoCo（也間接代表政府）便要拿出同額的資金，挹注會議局運作。

維爾斯卓普先生說明：「因為政府一開始就決定要資助會議局，然後由私部門的會員擬定經營策略，所以政府不需要影響理事會的決策。只要會議局達成期望績效，政府就不會干涉理事會。這是因為政府部門清楚自己不是會議產業的專家，WoCo 和業者才是。」

但我好奇的是，既然 WoCo 是和會議局「簽約」，就必須公開進行。如果其他組織或公司也想承攬行銷哥本哈根會議產業的工作，是否也可以向 WoCo 爭取？對此，維爾斯卓普先生和賈克布森先生都表示，理論上是可行的，但重點是現在的會議局是中立的平台，提供業者公平的服務，相當受到信任。

保持公正透明

會議局要如何保持公正呢？過去有沒有發生過利益衝突？比如有一些會員認為他們得到的利益不如別人，或是懷疑會議局可能偏好某些會員？

賈克布森先生說道：「我們必須跟飯店和會議顧問公司保持非常密切、甚至是每天頻繁的聯繫，讓他們了解會議局完全是為會議客戶的利益著想。我們可以為他們介紹有購買意願的客戶，但要怎麼銷售產品，得各憑本事。我們無法控制客戶走進哪一扇門、買哪一個產品。」

「大飯店通常希望客戶停留久一點，這樣一來小飯店就會覺得自己的獲益比大飯店少。但我們會告訴小飯店：『大型會議來這裡，就像大石頭落水，你們或許沒辦法受惠於第一波生意，但一定能得到水波之外的漣漪。』」

圖 4-54 圖為 Tivoli 飯店與會議中心。

圖 4-55　圖為機場旁的 Bella Sky Hotel。

維爾斯卓普先生則認為：「我們請理事會成員不要代表各自的公司，而是要為整個城市的利益著想。當然，有時不免有利益衝突，但我們總是能夠透過對話和溝通解決問題。最重要的是，所有事情都需公開透明，充分地向每一位會員溝通。」

「舉例來說，每一季，我們都會把即將在哥本哈根舉辦的會議資訊傳給所有會員，他們就會知道這場會的地點、主辦單位、與會人數、需要多少飯店房間。如果客戶不希望接到太多電話推銷，我們就不會揭露會議的名稱或聯絡人資訊，只揭露舉辦年度和場地，視情況保密部分會議資訊。不過，如果還在競標爭取階段，我們就不會發送任何會議資訊。」

那麼有沒有飯店受惠於會議局的服務，卻又不願加入會員呢？

賈克布森先生回答：「總是有『坐霸王車』的人，他們會說『基於原則，我們不會加入……』不過總是有辦法的。一種是向他們說明加入會員的好處和機會，說服他們加入；另一種則是利用現有的會員向這些人施壓。哥本哈根是個小地方，飯店和會議公司的老闆彼此都認識。這時候已經加入會員的人就會說：『我有出錢，你應該也要貢獻啊！不然你就是搭車不付錢，不公平！』這招很有效！」

「我們的規則很明確，只向客戶推薦我們的會員。除非你是會員，否則不會獲得任何潛在客戶的資料。同樣的，如果有一個大規模的會議需要訂房，我們也只會向會員預訂。」

另一方面，如果客戶只想和符合特定條件的會議顧問公司接觸，但其他會議公司還是想與客戶聯絡的話，會議局該如何處理呢？

賈克布森先生說明：「這就有點麻煩了，因為有的會議公司覺得他們什麼都可以做。所以如果碰到這種需求，我們就會向客戶取得該場會議的日期、規模和需求，然後詢問哪些會議公司有意願爭取，接著把會議公司的資料和條件整理好，交給

客戶，由客戶自行定奪，這樣就不會被質疑偏袒哪一方。有時候客戶希望由我們推薦會議公司，這時候我們就會根據對每間會議公司的了解，逐一向客戶說明。」

不花大錢行銷，但求歷史定位

哥本哈根會議局沒有大規模的行銷活動，就算有更多錢，也不會加碼行銷經費。維爾斯卓普先生認為城市行銷是一點一滴累積起來的，不是砸錢就有效果。

哥本哈根倒是設計了一些小型的行銷活動，2014 年推出的「永續嗡嗡嗡（#BeeSustain）」計畫就很受歡迎，名稱由英文的蜜蜂（bee）和持續（sustain）組成。蜜蜂是自然生態系裡重要的生物和指標，如果環境被破壞，就無法生存。哥本哈根一向以注重環保為傲，這幾年來力推「綠色會議」觀念，希望會議能減少浪費，同時也鼓勵世人愛護環境。任何人若在臉書（Facebook）和推特（Twitter）的動態或照片中打上 #BeeSustain 的標籤，社群網站上所有內含 #BeeSustain 標籤的文章就會歸類在一起，形成一股風氣。於此同時，哥本哈根會議局舉辦了一系列和蜜蜂有關的自然體驗和環保課程等，做城市行銷之餘，也盡到社會責任。

賈克布森先生回顧他任內和會議主辦單位一起創造的幾個具有「歷史定位（legacy）」的活動，確保這些會議能在哥本哈根留下一些永恆的影響。他最引以為傲的是 2011 年於哥本哈根舉辦的「歐洲骨科和創傷聯合會（EFORT）」，這是全歐洲最重要的骨科醫學會議，有超過萬名骨科醫師參與盛會。

賈克布森先生說：「骨科醫師的病患包括戰爭中的傷患。丹麥如同許多歐洲國家，戰爭中死傷慘烈，所以哥本哈根會議局藉這個機會和主辦單位合辦了一場慈善路跑，為醫學會的與會者而跑，也為在戰爭中受創的人而跑。最神奇的是，有些戰爭傷患——您一定不相信他們竟然做得到——居然坐著輪椅、架著義肢來跑。這場慈善路跑有 500 多位傷患和醫生參加，一起為募款而跑，讓廣大民眾了解骨科在社會中扮演的角色，並且將骨科和戰爭傷患連結起來。」

圖 4-56　哥本哈根力推「綠色會議」，希望減少浪費，也鼓勵世人愛護環境。圖為 2014 年 ICCA 年會介紹 #BeeSustain 計畫。

賈克布森先生又分享了哥本哈根會議局協辦的路跑「為糖尿病預防而跑」，也是糖尿病醫學研討會的相關活動，主辦單位是一間丹麥的藥廠，專門生產糖尿病患所需的胰島素。這場路跑同樣是為了提升居民對糖尿病的警覺心，並學習如何活得更健康。他說：「這種『歷史定位』活動，有些是為了將哥本哈根定位為優秀的會議城市。所以假設您是一位在西班牙執業的醫師，來哥本哈根開會，開會期間參與當地社區的活動，將會成為您到此開會的美好體驗。」

受教學法啟發的創新會議設計

另一個絕佳的行銷案例，則是哥本哈根會議局和丹麥旅遊局共同推出的「『心』創會議（MINDblowing Meetings）」，主打丹麥人的創意和創新思維，體現一系列稱作「Meetovation（即 meeting 和 innovation，『會議』與『創新』二字的結合字）」的觀念，徹底打破會議既有的種種框架，改革不必要的繁文縟節，重新依主辦單位期望的投資報酬（Return on Investment，簡稱 ROI）出發，為與會者設計最好的「體驗」，包括場地座位安排、互動內容規劃、餐飲成分等。

圖 4-57 　哥本哈根會議局以創新的行銷手法與會議內容，讓全球會議業界驚艷。圖為哥本哈根市區。

維爾斯卓普先生表示，哥本哈根每年會辦一次「心創（MINDevent）」體驗活動，招待會議顧問公司和客戶親自體驗，展現如何以創新的會議形式開啟「心」思維，並期待媒體撰文分享。他說：「這是演出，不是演講（show, not tell）」。會議局會帶潛在客戶造訪會員的場館，說明各場地的特殊之處，這種行銷的效果比買廣告好多了。

創新會議設計，已成為丹麥和哥本哈根目前的行銷重點。賈克布森先生回憶，這個創新想法來自為小孩子設計的新式學校教學法。

賈克布森先生說：「老師教學的方法，從 1950 年代起就未曾改變，也就是在傳統的教室，按照黑板的訊息講課。問題是，並非所有孩子都是經由聽講學習，於是教育專家決定成立一種適合所有學生學習特性的學校，教室可以適應各種學習特性的學生：不論學生是仰賴視覺、聽覺、任務或運動學習，最後都可以學到東西。」

「會議也一樣，開會就像上課，我們從小到大的開會方式都一樣，但其實每個人都有適性的學習方式。為了讓與會者獲得最多知識，我們開始研究『未來的會議（The Future of Meetings，為歐盟贊助的計畫）』，運用新式學校的教學法，發展出 Meetovation 的五個概念，也就是主動參與、創意安排、在地啟發、負責任的思維，以及達成會議的投資報酬。」

後來，丹麥人發現自己是有能力繼續發展這些特色，成為國家和城市品牌的一部分。維爾斯卓普先生強調：「我們會定期重新檢視，確定我們的創新還走在前端，並邀請所有供應商確保銷售的產品或服務是最新的。想創新，這一點非常重要。會議創新本來只是一個行銷計畫，後來我們發現丹麥很有潛力發展，所以繼續努力。正因為我們持續不斷地研究創新，才能產生效果。」

小結

WoCo 的公私合夥模式，以及其針對不同市場分別組織團隊、不同於一般觀光機構以「地域」區分團隊的做法，令我大受啟發。看了 WoCo 的預算，我們就不能再抱怨臺灣的經費很少了，因為重點不在於有多少錢，而在於怎麼花錢、怎麼有效地運作組織。

哥本哈根發揮城市特色，連結環境保護與城市行銷，突顯與其他城市的不同之處。哥本哈根在乎的不只是與會者的體驗，更強調會議留下的「歷史定位」，目標是讓哥本哈根在所有參與者心目中留下永誌難忘的一刻。哥本哈根知道自己在歐洲諸城市中不算特別突出（尤其冬天沒有燦爛的陽光），所以另闢蹊徑，推出新的會議形式、擺脫傳統講課形式的俗套，令人激賞。

10 ——— 荷蘭
公協會的堅強財務後盾

荷蘭旅遊暨會議局
會議行銷經理｜艾瑞克・貝克曼斯
Eric Bakermans
Marketing Manager
Meetings, Conventions & Events
Netherlands Board of Tourism & Convention

┃ 艾瑞克・貝克曼斯

現任國際會議協會（ICCA）理事。擔任荷蘭旅遊及會議協會會議部行銷總監長達 16 年，領導歐洲最知名的會議品牌。曾任國際酒店接待行銷協會（HSMAI）理事、綠色會議產業協會荷蘭副主席、ICCA 法荷比盧區主席。過去曾任荷蘭會議局顧問、阿姆斯特丹大倉飯店宴會業務經理，且曾服務於阿姆斯特丹 RAI 會展中心。

┃ 荷蘭旅遊暨會議局

是荷蘭全國性的旅遊和會議行銷組織，以「荷蘭」為品牌（稱為 Holland，而非國家正式名稱「尼德蘭（The Netherlands）」）負責國內外行銷。該局在全球設有 20 個辦事處，共有 60 名員工，年度預算約為 2,000 萬歐元，其中 800 萬歐元來自政府資金，屬於公私合夥的機制。其中，會議行銷部只有 4 名員工，年度預算為 1,600 萬歐元，其中 210 萬歐元來自政府，該部門主要聚焦於企業會議活動與公協會會議業務。

公私合夥

貝克斯曼先生是我在國際會議協會理事會的同事，我們同一年選上理事。臺灣有幸邀請他於 2015 年 3 月底到臺中的「ICCA-TAIWAN MICE 競標研習營」擔任業師。他抵臺當天，先受我之邀到臺北一個下午走走看看，親身體驗臺北捷運和 YouBike 的便利。接著我在 4 月 1 日趁研習營空檔，於臺中日月千禧酒店邀貝克斯曼先生深談，聽他炯炯有神地說起對城市行銷的熱愛。

我問道：「能不能談談公私部門如何合營？機制是怎麼開始的呢？私部門的資金主要來自哪些業者？」

貝克曼斯先生回答：「目前由國家提供資金，同時也希望我們能回饋同等的市場價值。這個機制始於 16 年前，那時政府大約出資上百萬歐元，私人夥伴企業只有數萬歐元，更早之前則是完全由政府出資。我覺得這種方式很好，由政府先出資，等到企業更臻成熟，再慢慢退出。」

「多數的資金來自企業夥伴，主要分成四個費用級距，從 5,000 歐元到 25,000 歐元不等。企業繳費，我們提供能見度、協助競標；級距越高，能見度就越高。他們樂於接受這種模式，因為我們的宣傳做得很好，能廣布資訊，這是他們做不到的。除此之外，我們每年舉辦兩次夥伴會議，讓大家了解業界最新動態、未來宣傳策略等等。」

荷蘭先生

請想像你在臺北 101 捷運站前，有位年輕人身著繡有鬱金香圖樣的橘色西裝，金髮碧眼、又高又帥，熱情地和前往臺北國際會議中心的訪客招呼問候，相信你一定會想拍張照片傳上網路。如果這位仁兄在會場裡處處與人合照、寒暄，勢必讓所有與會者印象深刻。

這號人物的確存在，就是貝克曼斯先生針對會議市場的決策者——80% 是女性——打造的「荷蘭先生（Mr. Holland）」。他是荷蘭會議產業的吉祥人物和品牌代言人，專門前往世界各地的旅展行銷荷蘭，或是到某個會議現場宣傳來年即將在荷蘭舉辦的會議。

荷蘭先生要傳達的就是荷蘭人的性格，如愛好運動、幽默自信、富魅力、開放自由、搞怪冒險；還有荷蘭作為會議地的特質，像是準時、可靠、便利等。他善用各種社群媒體的力量，近年來一炮而紅，讓荷蘭的會議產業聲名大噪。雖然這個的行銷專案曾在 2012 年國際會議協會最佳行銷競賽（ICCA Best Marketing Award，詳見本書第 64 頁）中輸給了臺灣團隊，但荷蘭先生在業界和市場反應其實相當熱烈。

圖 4-58　荷蘭先生是荷蘭會議產業的吉祥人物和品牌代言人。

圖 4-59　圖為 RAI 國際會議中心。

圖 4-60　圖為 2013 年血栓暨國際止血年會（ISTH）於阿姆斯特丹舉辦。

進一步了解後，我才知道荷蘭先生其實是荷蘭旅遊會議局為了時勢所需，不得不絞盡腦汁發揮創意的結晶。

貝克曼斯先生表示：「3 年前，預算大幅刪減，資源有限，我們得設法以低成本創造最大行銷效果，大家苦思許久，最後決定推出荷蘭先生。另外我們也改變運作方式，不再協助城市夥伴銷售業務，而是先建立起品牌，為夥伴提升能見度。即使接到需求建議書，也只單純提供客戶所需的資訊，例如他們若對海牙的旅館感興趣，我們只會告訴他海牙有哪幾間旅館，而不會持續追問。」

先有品牌形象，才有業務

荷蘭對於行銷如此重視，不禁讓我想起以業務為重的「墨爾本 IQ」，但貝克曼斯先生堅持行銷與品牌才是第一步。

「我認為賣東西前，就要先行銷，會議局的主要任務就是行銷會議主辦地。因為旅館不是我的，我沒有床位可以賣，能做的就是穿針引線，但在那之前，也得先讓大家知道荷蘭是一個優秀的會議地點。創造品牌很重要，否則大家無法了解荷蘭背

圖 4-61　荷蘭政府打算分散旅客造訪的季節與地點，讓阿姆斯特丹更能滿足商務會議的需求。圖為阿姆斯特丹市區。

後的故事。例如大家愛 iPhone、可口可樂等，是因為愛他們的品牌故事與形象。」

一如其他國家，荷蘭會議局也投入許多資源在研究上，設立專門的 7 人研究部門，全年無休地進行研究。他們想知道大家對荷蘭最深刻的印象是什麼？來訪前後印象有何不同？另外他更強調確切數據的重要性，譬如一年中有多少旅客來荷蘭玩？多少人來參加會議？多少人去逛街、參觀博物館？有這些數據，才能了解旅客的行為與喜好，找出他們最重視的東西，這就是荷蘭打造國家品牌的堅實基礎來源。

說實話，荷蘭的名氣實在不亞於英國、丹麥等其他歐洲國家，為什麼還需要如此強調國家行銷？對此，他的回答展現了十足的敬業精神：「一旦荷蘭滿足於現況，就會在市場競爭中落後。我們的鄰近國家交通條件都不錯，這方面我們反而沒有優勢，所以才要做研究，找出優勢所在。」

荷蘭未來四年的策略與目標極具巧思。荷蘭政府打算推出旅遊護照，讓旅客能更方便往來荷蘭各處景點，分散旅客造訪的季節與地點，避免旺季人潮過多，如此一來阿姆斯特丹將更能滿足商務會議的需求。

圖 4-62 針對個別城市，旅遊會議局的責任是根據客戶的需求，介紹最適合的地點，例如鹿特丹的強項是海港物流。

國際合作與國內聯盟

歐洲許多國家都有隸屬國家層級的會議行銷組織，貝克曼斯先生與德國國家會議局的舒爾茲先生（詳見本書第 138 頁）共同擔任歐洲會議局策略聯盟主席，該聯盟目前有 22 個會員，都是國家會議局，且大多隸屬於觀光旅遊部門。會員開會討論歐洲商展事宜，但不討論如何出價，以免造成壟斷。

國家會議局與城市會議局究竟有什麼不同的功能呢？貝克曼斯先生表示，一個國家如果有心成為國際會議目的地，就應該要成立國家會議局，各國都有國家會議局，國際競爭平台才會公平。

身為國家層級的旅遊會議局，如何中立地協調各城市會議局，並善用資源避免重複競爭，這是一門深奧學問。荷蘭旅遊會議局 40% 的經費來自政府經濟部門，

因此將自己定位為「服務全體國家」，絕不以個別城市利益為出發點，只求爭取會議到荷蘭舉行，將城市決定權交給客戶。

對於個別城市，旅遊會議局的責任是根據客戶的需求，介紹最適合的地點，譬如海牙是人權與正義重鎮，鹿特丹的強項則是海港物流等等。另外包括交通、旅館數量、基礎建設以及特色專長等，亦會納入評估。比如某個城市的醫院眼科特別強，某個城市的旅館在淡季時能容納很多旅客等等。

當然，要協調好個別城市，也需要一個平台，這就是荷蘭會議聯盟（Holland Congress Alliance）的功能。聯盟由國家會議局主導、6 名夥伴組成，每年聚會 4 次，針對農業與糧食、化學、創意產業、高科技系統與材料、生命科學與健康、物流、園藝與植病、水資源等九大主題範圍，討論近期是否有相關會議，並由國家旅遊會議局告知成員哪個會議對哪個城市有興趣，避免相互競爭同一名客戶。而若有城市自己想爭取客戶，卻未得到客戶指定或青睞，國家會議局也只能婉拒城市要求。貝克曼斯先生不斷輕拍桌面強調：「我常告訴大家，別以為加入聯盟，生意就會自動上門，城市自己該做的行銷與業務還是要做！」

扮演媒合的角色

競標時，會議局與會議公司究竟分別扮演什麼角色呢？未來又是否可能會漸漸由會議公司主導？

貝克曼斯先生回答：「會議局在競標期間的職責，首先是向公協會介紹主要的大型會議公司，並提供必要文件與資訊，協助交流與協商，其餘交由他們自行往來。最後我們會確認客戶想與哪一家會議公司合作，再進入下一個競標流程。到目前為止，所有服務都是免費的，等到競標成功，才收取費用。我認為會議局扮演的角色就像媒合婚姻，每家會議公司提供給公協會的服務可能大同小異，重點還是在雙方有沒有擦出火花、彼此適不適合。至於競標成功後，當然就完全交由會議公司主導。」

圖 4-63　圖為 2013 ISTH 會場。

透過賽事提升國家能見度

荷蘭旅遊會議局的業務雖然以會議為主，但也懂得善用運動賽事的行銷效益。
會議局大約在 4、5 年前開始經手運動賽事，從聚集所有國際運動協會，包括奧
林匹克主辦城市在內的國際運動仲裁法庭（Court of Arbitration for Sports，簡稱
CAS）會議出發。當時鹿特丹已經在會議行列內，但因深感機會難得，應該與國
家合作，共同行銷荷蘭，於是由國家旅遊會議局領頭與各方聯絡。那時荷蘭主要
的運動組織仍是獨立運作，與會議及觀光部門毫無往來。

貝克斯先生認為爭取運動賽事主辦權與爭取國際會議道理相仿，何不攜手合作？
更何況運動賽事本來就受廣大群眾支持，既能鼓勵全民運動，又能吸引國際媒
體、投資公司前來，健康又有利。於是幾個荷蘭城市共同合作，到 CAS 會議設
攤位。國家會議局與國際奧運委員會以及體育組織保持密切聯絡，更與國家體育
局、荷蘭四大城市的主要體育協會建立良好關係。各方負責人一年聚會兩次，針
對某些國際活動共同合作，但他表示，目前大家仍各行其事，期望未來能有更健
全完整的合作架構。至於嘉年華會等公共活動，荷蘭選擇交由城市主導，讓城市
根據自己的「城市 DNA」決定是否適合在當地舉辦。

會前融資與保險，獨步全球

除了前述的創意手法，荷蘭還有一項獨一無二的機制，就是「會前融資與保險基金會」。

貝克曼斯先生解釋：「會前融資與保險基金是一種無息貸款，最高額度是 9 萬歐元，讓主辦單位在尚未取得收入時，先用以支付場地保證金、設計費用等，所有貸款必須在會議開始前全數償還，因為屆時應該已經收到所有註冊報名費。」

「除了會前融資外，還有一種功能類似保險的款項。有時候因為天災來襲等不可抗力因素，導致會議報名人數遠低於預期，但會議畢竟還是要舉辦，主辦單位仍需負擔不少開銷，這時就可以向我們申請保險金支付相關費用。但如果這些狀況可以早早預知、有足夠時間應變的話，就沒有申請資格。」

問：「是由誰來決定申請人的貸款額度？這個機制又是怎麼開始的呢？」

答：「這筆款項由獨立的基金會負責，基金會的總管理資產價值是 230 萬歐元。基金前身是 20 年前的另一筆「國際會議振興基金」補助款，當時每一位與會者大約可以獲得相當於現在 50 歐元的補助，補助款一半歸我們，一半歸場地。後來運作得非常成功，資金規模變龐大，於是經濟局介入運作；另一部分基金來自全國會議協會（National Association of Business Events）、會議中心等機構的捐助，總共價值約 3 百萬荷蘭頓（約 135 萬歐元）。我們把這筆錢拿去投資，並組成董事會，我也是成員之一，所有董事平分股份，後來這筆錢就成了現在的融資保險基金。現在我們把每年的收入再投資，採取防禦性投資策略，所以獲利都是來自投資成果。」

融資與保險制度雖形同補（捐）助機制，不過貝克曼斯先生強調：「補（捐）助不是荷蘭的重點策略，在我的認知裡，補（捐）助往往是私下進行，且作法很多，有些城市在淡季提供客戶補（捐）助，譬如免費雞尾酒宴、旅館費用打折等

等。也有直接給錢，隨客戶自由使用，只要客戶來這裡開會就好，但我們沒有必要這麼做。阿姆斯特丹已經是首都了，若要增進吸引力，應該有比交通接送或打折更好的作法。」

事實上，全球會議產業的媒體龍頭 CAT 雜誌便曾詳列歐洲各城市提供的補（捐）助計畫，提到阿姆斯特丹時寫的是：『阿姆斯特丹，花錢也買不到』」。

小結

國家及城市的知名度及品牌印象等，都會左右主辦單位決策人士的選擇（如國際組織的理事會）。很多決策者擔心，若選擇一個純粹只有觀光特色的城市，跟會議本身強調知識交流的目的會有所衝突；有些城市的品牌則過於老舊，或者太偏向早期的觀光訴求，因此很難重新翻轉城市印象。荷蘭國家會議局勇敢跨出改造的第一步，重新將荷蘭形塑為一個優秀的會議地點。荷蘭的四大城市──阿姆斯特丹、鹿特丹、海牙以及烏特勒支──在許多城市競爭力排名上或許並不特別突出，但若整合成一個大都會區，競爭力就名列世界前茅了。

荷蘭畢竟曾經實踐過重商主義，血液中富有生意人的元素。貝克曼斯提及的「會前融資與保險基金會」就是一項具體表現，這項機制讓很多公、協會的領導人能夠無後顧之憂地全力爭取國際會議到荷蘭舉辦。

11 ── 格但斯克

小城市大作為

格但斯克旅遊協會
理事長暨會議局主任｜盧卡斯・威索斯基
Łukasz Wysocki
President of The Board, Gdansk Tourist Organisation

▎盧卡斯・威索斯基

畢業於格但斯克體育大學運動與休閒學系，以及倫敦活動與場館管理學校（EVMI）。曾任格但斯克 AmberExpo 會展中心行銷與業務開發主任，曾主導籌辦，促成 2012 年歐洲足球總會聯盟在格但斯克足球場舉行歐洲足球錦標賽（UEFA Euro，舊稱歐洲國家盃）決賽，於 2014 年接掌格但斯克旅遊協會。

▎格但斯克會議局

設立於 2005 年，隸屬格但斯克旅遊協會。旅遊協會有 142 個會員，以格但斯克市政府為主要會員。會議局在 2012 年第三次獲得「區域創新領先者」殊榮，並因為在巴塞隆納 Ibtm world 上成功舉辦耶誕節公益活動，獲得「最佳公關獎」。另獲得 2013 年國際會議協會年度「最佳行銷獎」。

以小搏大的創意

格但斯克的德語發音為「但澤（Danzig）」，位居波蘭北部，緊鄰波羅的海，數百年來都是區域的航運與工業中心，為琥珀貿易之路的起點，素有「琥珀之城」美名。此地向來是日耳曼民族和斯拉夫民族爭奪的焦點，也是德國哲學家叔本華（Arthur Schopenhauer）的出生地。1939 年，納粹德國軍艦砲轟格但斯克，正式拉開第二次世界大戰序幕。當地雖然是政經軍事要地，在國際會議市場卻默默無名。

2009 年，格但斯克取得一筆歐盟資金，讓其開始發展觀光及會展產業，加大行銷力度，才開始廣為人知。好景不常，這筆補助在 2012 年用罄，會議局頓失支持，只好大幅縮編，但還是野心勃勃地想發揮「以小博大」的槓桿效應，希望能夠在年底的巴塞隆納 ibtm world 旅展上，較前一年多吸引 8% 至 10% 的訪客，並爭取媒體關注。

圖 4-64　格但斯克數百年來都是區域的航運與
工業中心，素有「琥珀之城」美名。

於是會議局想出了一個行銷活動，把攤位佈置成耶誕節風格，邀請來賓彩繪耶誕樹上的裝飾小球，會後將把這些作品送給巴塞隆納當地的兒童機構當作耶誕禮物。此外，會議局準備了價值約 250 歐元的禮物，送給當地孤兒院的兒童。會議局在活動前便大力宣傳，邀請各國參展者也從家鄉攜帶禮物到攤位上，由格但斯克會議局一起代為捐贈。這個簡單的活動，創造了廣大的效益，會議業界紛紛響應，不僅為當地兒童帶來溫暖與歡笑，也成功讓格但斯克大開知名度，當然也達成了當初設定的訪客成長目標，並協助會議局贏得展場的最佳公關獎和隔年國際會議協會的最佳行銷獎。

圖 4-65、圖 4-66

造訪格但斯克可體驗並且見證現代世界的改變。圖為格但斯克市區景象。

威索斯基先生回憶這個故事說道：「我們局裡的同仁全都認真投入，會員也非常支持。剛開始創立的時候因為規模小，所以行銷的做法和思維與其他規模較大的城市行銷組織不一樣，但也因此獲得最佳行銷獎。簡單來說，我們的行銷策略就是，用最少的錢做最有創意的事。」

收取仲介費的協會

接著，威索斯基先生說明格但斯克旅遊協會的架構。他表示，會員的背景非常多元，包括飯店、DMC（請見第 47 頁註腳）、會議公司、餐廳、製造業者、視聽設備公司、租車公司，以及其他不同的服務業者。這樣的組合讓他們能夠提供客戶豐富的產品選擇，也可以滿足客戶對會議主辦城市的各種需求。

威索斯基先生說：「我們的資金來源之一，是向會員收取會費。格但斯克市政府也是我們的會員，我們彼此緊密合作，而市政府的資金正是我們第一筆主要的財源。我們若想努力達成 2020 年的願景，必須有所改革，往後我們不能只靠會員繳納的會費，而是要出售產品，並提供會員資訊，同時創造可以商業化的產品和服務。因此，會議局必須和各行各業的大公司聯繫，為業界舉辦訓練，扮演橋樑的角色，銜接會員與國際會議協會等國際組織，或是波蘭運動及旅遊部與地方和中央政府等單位。」

我接著請教他會員的會費如何制定。威索斯基先生解釋：「繳納的會費是公開資訊，根據會員規模而定。我們不能隨便決定會費，並不是說：『您看起來人蠻好的，所以收 1,000 就好』。有興趣加入者，事前即可知道標準以及會議局可提供的服務，服務的項目當然會依繳費水準而定。」

我問道：「假設您把一筆生意轉介給一家 DMC，這家 DMC 就必須付一筆仲介費。但是您是如何決定這筆生意該交給哪一家 DMC 呢？」

他回答：「還好格但斯克是個小地方，所以每家 DMC 都有各自服務專長。我們

有四個主要的業者，例如有一家會議公司、一家專門辦獎勵旅遊、一家專門做現場營運，所以我們很清楚每家業者的強項，生意要給誰，也取決於我們和會員之間直接聯繫的結果。」

「我們盡量事前了解客戶的需求、需求的可行性，以及恰當的合作方式。所有事情都攤在陽光下，不會特別偏好哪一家公司，而是經常和四或五家 DMC、飯店、餐廳等業者一起開會或舉辦工作坊，經常溝通。根據經驗，這種做法最能夠找出業者的需求，也可以有效傳達我們的需求，並且讓大家平均分配到生意。」

我還是很好奇：「過去有沒有發生過這樣的情況，譬如，有一個客戶想住的飯店或想合作的 DMC，但卻不是協會的會員？」

威索斯基先生解釋：「一般來說，若碰到這種客戶，我們還是會把生意轉介給會員。還好格但斯克 99% 的業者都是我們的會員，目前為止還沒遇過這種情況。」

談到業務和行銷二者孰輕孰重，他說：「實在很難界定我們到底是行銷導向還是業務導向，因為其實兩者都是，我們的服務甚至更廣，因為我們也做統計，並創造特定的產品，還提供資訊給旗下的會員，所以服務範圍遠大於行銷跟業務。」

「為了吸引客戶，我們必須知道我們想吸引哪些人，而不是來者不拒，這屬於行銷面的工作；但在擬定行銷計劃之前，必須先了解我們有哪些類型的客戶，以及我們想要爭取的類型，也得知道他們來自哪裡，是波蘭、北歐、德國或是俄羅斯？這也是我們現在改革的項目之一，必須儲備這樣的研究能力以及開發產品的能力。」

跳脫城市競爭格局

我問威索斯基先生：「您們要如何區別格但斯克和其他競爭者呢？譬如首都華沙，或是其他東歐城市？致勝策略是什麼呢？」

他回答：「我們把視野擴大到整個區域，而不是直接和華沙或其他鄰近城市競爭，畢竟大家各有各的品牌與特色。換句話說，我們會比較自己和其他城市能提供的服務有哪些落差。放眼國際，我們也不單純只和斯德哥爾摩或其他城市競爭，而是找出我們跟他們有沒有一絲絲不同，足以吸引客戶來這裡，但不只是吸引他們來格但斯克，而是吸引他們來整個區域。」

城市雖小，但威索斯基先生卻很有信心。我請他簡單地用 30 秒推銷格但斯克，他不假思索地說：「在這裡您可以體驗並且見證現代世界的改變，而且這裡是自由運動的發源地。1980 年代，我們只是個普通的東歐國家，基礎設施非常落後，如今已煥然一新，海陸空的交通都非常便利，也有高級餐廳、優質的劇場，可以在嶄新且充滿現代感的會議中心舉辦會議。當地人的英語水準很不錯，思想也很開放。」

舉辦大型活動，才能傳播體驗

威索斯基先生曾在 2012 年，協助格但斯克舉辦眾所矚目的歐洲足球錦標賽（UEFA Euro 2012）決賽，於是我請教他：「您認為大型活動為會議商機帶來什麼樣的影響？城市適合藉由大型活動行銷嗎？會議局應該要努力爭取大型活動嗎？」

威索斯基先生回答：「大型活動是展現城市吸引力的絕佳方式。競標會議的時候，口頭講是一回事，實際舉辦才可以親自展現城市的美麗，也可以藉此向我們的事業夥伴證明城市的優點。否則不論怎麼用照片和口頭說明，外人都很難具體感受。說得再多，人們還是只記得現場的體驗。

「2012 年歐洲足球錦標賽時，全歐各地的人來到這裡，體驗波蘭和格但斯克的美好，發現人民親切而開放，基礎設施良好，就像其他的歐洲國家一樣，是個適合度假的好地方。正因如此，我們這幾年的回客率一直提升。總之，大型活動是展現城市特色最好的方式，也是讓人記得城市魅力的最佳途徑，所以我認為會議局

圖 4-67　大型活動是展現城市吸引力的絕佳方式。圖為 2012 年歐洲足球錦標賽場館 Stadion Energa Gdańsk。

應該協助城市爭取大型活動。不過，因為我們有 140 多個會員，所以在爭取這樣的大型活動之前，一定要取得所有人的共識，先做好整合工作。」

年輕人，不要自我設限

問：「您是學活動管理出身的，現在又學以致用，有什麼建議可以提供想投身這個產業的年輕人呢？對於想進入商務旅遊或是會議產業者，您有什麼建議呢？」

威索斯基先生答道：「不論教育背景、具備的工作經驗為何，如果自我設限，就沒有辦法說服別人你有能力。年輕人應該要跳脫框架，發揮想像力，才能夠辦出有創意的會議、獎勵旅遊，或是用創意的方法經營場館，也才能讓城市更具吸引力。」

「我們的團隊都很年輕，也從來不畫地自限，所以才有好成績。我以前一直覺得預算很少，直到後來才明白，預算不應該成為限制，其實永遠有辦法找到合作夥伴、贊助商，或是想辦法壓低成本。重點是，有創意十足的想法就很容易找到額

圖 4-68　威索斯基說：「年輕人應該要跳脫框架，發揮想像力，才能夠辦出有創意的會議活動。」

外的資金。如果凡事都要等到資源到位才行動，Skype 和臉書就不會被發明了。所以我想對年輕人說的話就是『別讓任何人有機會封閉你的心靈』。」

最後我們聊到人才培訓與教育問題。我問道：「現在有很多亞洲的大學已開辦活動管理或會議管理科系，吸引許多年輕人就讀。而您畢業於相關科系，如果有機會設計一套課程，您會怎麼規劃呢？譬如，您要如何教授年輕人在這個產業所需要的技能與思維呢？」

威索斯基先生說：「諸如預算規劃、商業企劃、專案管理等，都是不可或缺的基本課程。但是修過這麼多課，畢業多年以後，我才發現很多課程都不是以實務為基礎，只是紙上談兵而已。我剛才說，這個產業最重要的是讓人有好的體驗；這個產業很講究創意，還有主動積極的態度，更重要的是與人溝通互動的技巧。你的一言一行、想法思維，都會讓人有很不一樣的感受。假如你善於管理預算，卻不會與人溝通，恐怕就會搞砸一些專案。這些技能對業主而言非常重要，現在的主管愈來愈看重實際能力，而不是只根據求職者的履歷表做決定，員工真正的技能和行為比較重要。我寧可僱用一個缺乏訓練或能力，但是很擅長人際互動的

人。畢竟，專案管理可以教，預算規劃可以學，但是言行舉止很難訓練，自信心也很難傳授；即便可能，也要花費相當大的心力。」

我再問：「您認為活動或會議管理與休閒管理，兩種學科之間，有什麼明顯的差別？」

威索斯基先生回答：「我認為管理活動或場館時，最大的錯誤就是把這兩種專業分開來看。因為東道主給人的第一印象很重要，所以不論是在櫃檯迎接住客，或是在停車場、洗手間服務客人，所有服務人員都是城市和主辦單位的門面。」

「很多場館或主辦單位，都要求人員具備一些共通的基本能力，但學校教育的問題出在，設計課程的人沒有實際接觸過客戶，只能傳授特定職務的知識或技能，譬如把場地、飯店或維安人員的工作項目分得太細，卻忽略待人接物的基本能力。」

小結

之所以會訪問格但斯克這個國人較為陌生的城市，主要是想研究：一座知名度相對較低的城市，在有限的預算之下，該如何做城市行銷？如何開拓國際市場？如何結合城市行銷與公益活動贏得媒體曝光，同時也為社會做一件好事？

威索斯基先生具備體育休閒以及活動與場館管理的背景，從一個不同的角度引領我觀察城市行銷。從訪談中，我感覺到這個城市充滿了年輕朝氣與希望。他們沒有將自己鎖在象牙塔，或自怨自艾地抱怨資源不足，反而努力找出自己的特色，吸引客戶到來。

此外，訪談中談到的大型活動，雖然往往要花費大筆預算，但對於知名度不高的城市而言，確實創造了優質的遊客體驗及宣傳效果。從城市行銷的角度來說，如果能夠創造訪客的美好經驗，促成口碑行銷，那麼就是最值得的投資了。

12 —— 塞爾維亞
成功「創業」之路

塞爾維亞會議局
首任執行長｜米洛斯‧米洛凡諾維奇
Miloš Milovanović
Former CEO of Serbia Convention Bureau

▎米洛斯‧米洛凡諾維奇

巴黎中央理工學院（Ecole Centrale Paris）碩士，曾任威尼斯建築雙年展「貝爾格勒計畫」主持人，自 2007 年起擔任塞爾維亞會議局首任執行長長達 7 年，亦擔任塞爾維亞與巴爾幹旅遊業研究中心理事。在其任內，塞爾維亞舉辦之國際會議數量穩定成長，國際會議協會排名從區域最後一名直逼首位。2014 年 7 月起加入知名城市行銷顧問公司 GainingEdge。

▎塞爾維亞國家會議局

2007 年成立之初只有三人，當年塞爾維亞舉辦了 20 場國際會議，國際會議協會排名第 64 名，2014 年舉辦 67 場會議，排名 46 名。2007 至 2014 年，與會者人數從 3,555 名成長至 13,265 名，增幅達 3.7 倍，是全球成長最快、表現最好的新興會議局。

東西冷戰的遺產

過去十年間，二、三線城市和新興市場紛紛設立城市行銷專責組織，趕搭會展產業和城市行銷的發展列車，讓競爭更為激烈。這波熱潮中，塞爾維亞的成功備受矚目，成立至今不過短短七年，業務量就扶搖直上。在巴爾幹半島北端的塞爾維亞屬於前東歐共產國家，對許多國人而言相當陌生，比較熟悉的應該是第一次世界大戰的導火線在此點燃，或是塞爾維亞曾屬於動盪不安的前南斯拉夫聯邦。

我相當好奇在這樣的背景下，塞爾維亞國家會議局究竟如何成功「創業」。因此我和米洛凡諾維奇先生通上電話後，首先便問到：「塞爾維亞為什麼想成立會議局呢？那邊適合發展會議產業嗎？」

於是米洛凡諾維奇先生娓娓道來一段歷史故事：「其實塞爾維亞很有潛力，長久以來就是個會議地點，而非觀光景點。前南斯拉夫聯邦中，緊鄰亞得里亞海的克羅埃西亞是觀光勝地，而塞爾維亞首府、同時也是聯邦首府與巴爾幹最大城市

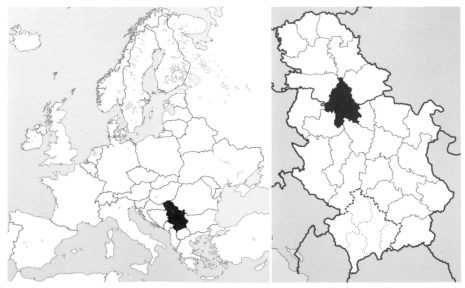

圖 4-69　左為塞爾維亞地理位置，右為首都貝爾格勒位置。

的貝爾格勒（Belgrade），則是商務旅遊中心，亦是 1970、1980 年代，冷戰時期東、西方兩大陣營會面的地點，1980 年代中期甚至是全球排名前十的會議城市。1970 年代末期，貝爾格勒就建造了巴爾幹半島最大的會議中心，主要舉辦政治外交會議，也是歐洲安全與合作組織[7]的創始地點，一些聯合國會議也在此召開。當年貝爾格勒已具備完善的會議設施，會議中心旁也有飯店、旅館。」

「然而，冷戰結束，蘇聯瓦解、南斯拉夫聯邦解散以後，塞爾維亞、貝爾格勒和附近城市就從世界會展地圖上消失了。2000 年以後，塞爾維亞又開始和世界往來交易，這時我們想起早已具備的會展設施、專業知識和產業傳統。隨著會議活動的需求愈來愈高，因此決定重出江湖，於 2005 年邀請 GainingEdge 的創辦人蓋瑞‧葛林姆先生（詳見本書第 52 頁）規劃塞爾維亞會議局，並於 2007 年正式成立，隸屬於中央政府的旅遊暨發展部。」

「其實早在 1970 年代，前南斯拉夫聯邦就有一個叫做 Yugo Congress 的機構，有點類似會議局。但前南斯拉夫是社會主義國家，該機構並非正式的政府部門，會議產業也沒有什麼發展，因此才需要建立新的會議局。2004 年，貝爾格勒舉辦歐洲復興開發銀行[8]年會，讓政府下定決心將會議產業列為國家重點戰略產業，而其中一個策略便是成立會議局。」

政府全資還是較易起頭

我問道：「所以塞爾維亞會議局可說是 100% 由政府出資成立的？」

米洛凡諾維奇先生回答：「塞爾維亞會議局是國家觀光部門下的政府機關，由政府獨資，為政府所有。不過，我們也和業者簽訂『夥伴關係』——不是『會員關

---

7 根據維基百科，歐洲安全與合作組織（Organization for Security and Co-operation in Europe）是目前唯一包括所有歐洲國家在內的機構，負責維持歐洲的局勢穩定。目前該組織共有 57 個成員國，除了歐洲國家，還包括美國、加拿大、蒙古國及中亞諸國。

8 歐洲復興開發銀行（European Bank for Reconstruction and Development）成立於 1991 年，旨在輔導並協助前東歐共產國家由計劃經濟邁入市場經濟。

圖 4-70　首都貝爾格勒是薩瓦河（Sava）和多瑙河（Danube）匯流處。

圖 4-71　塞爾維亞很有潛力，長久以來就是個會議地點，而非觀光景點。

係』——表示業者成為我們的一員,且會議局有義務提供所有服務。業者不用繳費,只需參加一些活動,像是共同設置旅展的攤位,或提供我們一些優惠和非金錢的贊助。」

問:「您覺得這種公營模式,和西歐城市的公私合夥模式相比,是否有不同的效益?像巴塞隆納會議局的經營就是公私部門出資各半。」

答:「我們和西歐的組織有點不一樣,和美國的公私合夥也不同。我想半數以上的西歐會議局都是由公部門推行,也有些是模仿巴塞隆納的『公私各半』合夥模式,而維也納和德國某些城市則是由政府出資經營。塞爾維亞和多數鄰近國家是仿效後者,但我其實不是很喜歡,我覺得盡量讓私部門業者參與比較好。」

他解釋,因為東歐國家的會議業者還不夠強,還沒有能力繳交會費並和政府合資,且如果不清楚投資效益,就不太願意出資。另一方面,東歐的政府較習慣擁有控制權,因此有些官員不樂見城市行銷組織不受控制,所以東歐的會議局通常由政府發起。

「考量這些挑戰後,我們認為最好的方式就是由政府出資,然後以簽訂『夥伴協議』的方式讓業者參與,請他們支持會議局的業務,但不需負擔會議局的營運費用。當會議局日益發展,愈來愈多會議進來時,業者就能感受到會議局的幫助,勢必愈來愈樂於參與貢獻。」

他補充,塞爾維亞政府有一個「會議產業諮詢委員會」,成員來自三家大飯店、兩家會議公司、航空業者、觀光部門代表等,總共 10 人,雖然沒有實權,但具有相當的影響力,而會議局也會藉由他們影響政府,取得足夠的資金並鞏固會議局在政府內的地位。

談到財源,米氏說道:「我們人少,預算也小。薪資以外的營運費用大約是 20 到 30 萬歐元左右,是一個很小的會議局。GainingEdge 的一位顧問說,這是全世

圖 4-72　1970 年代末期，貝爾格勒就建造了巴爾幹半島最大的會議中心，主要舉辦政治外交會議。圖為塞爾維亞國家議會。

界最有力的小型會議局，也是服務最好但最缺資源的會議局，可見人少錢小還是可以做不少事。假設我們有更多預算，反而可能和業者產生利益衝突。」

「經營一間有能力的會議局，其實不一定需要大筆預算。如果向政府爭取龐大資金，就很難用道理說服政府或是證明投資報酬率。有錢固然好，但如果太有錢，政府就會要求各種量化績效。所以我認為會議局只需謹慎拿捏支出、善用財源，一樣可以做得很好。」

最難的，是建立信任

我問米洛凡諾維奇先生：「會議局成立之初，是如何讓各產業達成共識的呢？到目前為止，會議局和業者之間，有沒有發生過任何利益衝突？」

他回答：「這是成立會議局的過程中最重要的一件事。成立之初，有幸請到葛林姆先生傳授成功會議局的黃金守則，也就是一定要對所有夥伴一視同仁，否則很快就會土崩瓦解。所以我們決定遵奉這條守則，即便有時必須犧牲一點效率也在所不惜。」

「怎麼做呢？所有夥伴業者最在乎的，就是當生意上門時，會議局能不能轉介給

自己而非其他同業。我們能保有競爭力的秘密，就是不做這種『轉介』工作。會議局規定：一旦取得潛在客戶的聯繫資料，有客戶上門洽詢，或開發新生意時，一定轉發給所有符合技術和服務能力的夥伴，由他們直接與客戶聯繫，我們完全不經手洽談的過程。我們希望業者能回報進度，但是也不勉強。我們告訴業者，最好能在 24 小時內回應客戶，這樣才能維持塞爾維亞的效率和競爭力。我們不會催促業者，如果他們沒有照辦，我們也不會知道，到時候要是別人覺得塞爾維亞的效率很差，也是業者自己要承擔的。」

「老實說，業者的回覆有時候的確慢了點，但會議局了解，在塞爾維亞的社會環境下，有時候寧可少一點效率，也要多建立幾分信任。會議局成立之初的兩、三年內，業者慢慢了解我們的忠告，即便他們過去習慣隱瞞消息——接到生意卻不告訴大家——後來他們也發覺這樣很蠢，畢竟塞爾維亞是小國家，產業圈子小，想藏也藏不住。剛成立的前幾年，這些問題如惡夢一場，因此建立互信變成最重要的事情，否則沒有信任，雙方都輸。」

米洛凡諾維奇先生強調，最關鍵的原則就是不能讓人受傷。他記得自己曾不小心讓業者覺得受傷，只好親自去公司向總經理們賠罪。他覺得管理一間會議局，有時候就是在經營大家的自我意識，雖然很累，卻很重要。「如果想教育業者，首先就得了解他們在乎什麼，然後即便他們做蠢事或不講道理，還是應該要學習愛他們，保持良好關係，才能讓業界真正融入。」

社會進步的平台

萬事起頭難，以我個人在臺灣對政府運作的理解，要說服政治人物著手行動並不簡單。塞爾維亞要從零開始，勢必也得說動政治人物。米氏親自見證了整個過程，他的心得必定相當珍貴。

米洛凡諾維奇先生說：「政治人物真的比較在乎選舉，而會議局如果有績效，他們就能以此當作政績。塞爾維亞的政治人物認同：要以發展觀光作為國家戰略之

圖 4-73　國內的業者雖互為競爭對手，但他們得先合作把會議帶進塞爾維亞；區域內的城市相互競爭，但也得先一起打響區域的品牌。圖為 Crnajka 地區的傳統球類運動。

一，包括成立會議局。雖然政治人物不太懂會議產業，他們還是做了這個策略性的決定。更重要的一點是，我們請國際知名顧問葛林姆先生（詳見本書第 52 頁）遊說政府，有他這位外國來的業界重量級人物說話，政治人物比較願意買單，我們也透過他向政治人物介紹國內會議界的主要業者及一些產業規則。

「會議局不太花錢，所以如果能爭取到一場 1,000 人的國際會議，為塞爾維亞帶來的外匯可能就是會議局年度預算的兩到三倍，如果爭取到 7,000 或 10,000 人以上的會議，收入就是預算的十倍了。照這樣發展，幾年後我們就能輕易地向政治人物說明績效。」他反覆解釋，要說服政治人物的重點在於建立溝通管道，雖然起步難，一旦有了績效數據，證明投資有回報之後，爭取資源就容易多了。

我接著問：「那麼會議局的目標或關鍵績效指標是什麼呢？」

他回答：「會議局真正要做的，不是盡量爭取會議；爭取到多少會議、競標的勝負，都只是結果，該努力的是提升社會整體實力，幫在地的公協會融入國際、樹立聲望，並讓在地的會議大使、醫師、科學家和教授，在國內也能享有國際知識交流的環境，這才是真正該做的事情。如果我們做得好，國際會議遲早會來。有時候，我們得花好幾年的時間和公協會共事，就算沒有爭取到國際會議，也算是盡力做好會議局的本份。如果公協會往好的方向發展，遲早有一天會把國際會議帶進來。」

我們繼續聊到會議局過去七年創業的甘苦與轉捩點，米洛凡諾維奇先生的話，讓我非常感動：「第一點，我們剛開始就請到對的顧問傳授許多知識與技能。另外的轉捩點，發生在我們贏得第一場國際會議，還有第一次輸掉競標的時候。贏了第一場會議，讓會議業者開始相信我們的能力；輸掉第一場競標，讓我們相信會議業務是很困難的一行，不是說著玩而已，必須要投資，而投資的目的不在於競標案的輸贏，而是在於改造社會。

「所以真正重要的工作是什麼呢？是建立一個平台，讓會議產業、政治人物和政府資金各得其所。另一個說法是，假如今天飯店總經理來找會議局，不是問我們能帶來多少住客，而是詢問能否幫哪些知識領袖或地方公協會舉辦內部會議，幫一點小忙，經營關係，這代表我們已經擁有強健的在地會議產業，這才是最重要的。」

這種氣魄和遠見，於我心有戚戚焉。會議產業實在是知識經濟的關鍵，是啟動國際交流的觸媒。會議局的使命不在一時輸贏，不在年度報表的數字，而在於長期對地方知識社群的正面影響。

區域合作比競爭重要

我問：「話雖如此，會議局還是得常常出外競標打硬仗。面對其他新興歐洲國家對手，塞爾維亞要如何突出重圍呢？您又是如何營造塞爾維亞的國家形象呢？」

米氏回答：「我們的工作是和他人競爭，但更重要的其實是合作。」這番理論很有意思，他說明：國內的業者雖互為競爭對手，但他們得先合作把會議帶進塞爾維亞；區域內的城市相互競爭，但也得先一起打響區域的品牌。塞爾維亞所在的東南歐，過去是被世人遺忘的一個區域，所以如果其他東南歐的競爭者爭取到了國際會議，同樣值得開心。他接著說：「所以我們所做的一切不只幫塞爾維亞，也幫助其他東南歐的國家。如果您看國際會議協會的排名，就會發現整個區域都在成長，有些城市就算沒有會議局，也會跟著成長！」

我很好奇：「為什麼呢？東南歐的競爭力是什麼？是因為物價便宜，還是因為本身屬於市場上的新產品？」

他回答：「第一，歐洲發達國家的物價比東南歐貴太多了，但這不是最重要的。最重要的是，國際公協會（多數是歐洲組織）的任務是希望將知識散播到全歐洲，因此選擇開會地點時，自然會考慮東南歐。我們常常提醒他們：『嘿！你們一直忽視這個區域，現在應該來了吧！』」

「此外，東南歐除了擁有會議設施、低廉物價，也可以讓他們吸納新成員，並協助當地公協會融入國際社群，在組織內扮演更積極的角色。最後一點，因為大眾對我們較為陌生，很多人在發達國家輪流開了二十年的會，想要去些新地方，或是想去讓自己更有能見度的地方。總之，我覺得不應該太凸顯塞爾維亞和其他鄰國的差異，而是要行銷整個區域。」

合作帶來的商機

至於如何強調塞爾維亞的優勢與特色呢？米洛凡諾維奇先生說，早期會議局主打的是塞爾維亞的知識力和科技力，因為塞國有幾位享譽歐洲的醫學研究者，高科技產業也實力雄厚，可惜因為政局動盪所以鮮為人知。他們也強調塞國的新鮮感、低物價、國際公協會拓展機會等等，這些都是實話，也不難證明。

圖 4-74　米氏説：「塞爾維亞所在的東南歐，過去是被世人遺忘的一個區域，所以如果其他東南歐的競爭者爭取到了國際會議，同樣值得開心。」圖為多瑙河流經的 Slankamen 村。

現在塞爾維亞會議局有了新策略，再度提升國際會議市場的能見度。米氏説：「現在我們每年有 60 場國際會議，已經是歐洲知名的地點，會議局也稍有名氣，在業界獲得尊重，而我們的新策略是開發在區域內輪流召開的國際公協會會議。」如果能和克羅埃西亞、保加利亞、羅馬尼亞等鄰近國家合作，促成這類型的區域公協會會議輪流召開，整體能見度將大大提升。

最後，我問米洛凡諾維奇先生如何建議想發展會議產業的二、三線城市或國家？他們該如何找出利基與財源呢？

他回答：「首先，我建議將會議局打造成一個資源平台，不要花太多錢，先與業界建立信任，找出當地最重要的會議大使。另外，要努力出外競標會議，而不是只做宣傳。」

我問：「所以您是說不只要做行銷，還要做業務囉？」

米氏回答：「首先，城市一定要做業務，有了成效以後，才有成果可以宣揚。不能一味地用大眾觀光的語言宣傳，也要針對商務會議。我建議二、三線城市，找尋可以相互合作的平台，不要因為自己小而自卑，應該要從容自得地提升自我地位，不要模仿大城市花大錢。大城市有不一樣的方法和策略，一味複製他們，恐怕只會花許多冤枉錢。」

小結

從米洛凡諾維奇的訪談中，我看見一個城市行銷組織從零到有的過程。塞爾維亞可以在短短的時間內大幅提升會議城市排名，足證事在人為的精神。對許多尚在猶豫是否建立城市行銷組織的城市，或是會議產業業者而言，塞爾維亞的成功是一個典範──只要大家願意，每個城市都可以建立這樣的平台。

圖 4-75 米氏說:「城市一定要做
業務,有了成效以後,
才有成果可以宣揚。不
能一味地用大眾觀光的
語言宣傳,也要針對商
務會議。」圖為 Rtanj 山
區的傳統樂器 Rikalo。

5 寫給臺灣

投身會議產業 25 年來，我有幸籌辦了國內數百場會議活動，並與各界一同爭取國際會議來臺舉行。而參加國際會議協會 20 餘年間，亞太會議城市紛紛興起，城市行銷成為各地顯學，但故鄉臺灣卻始終缺乏一個行銷與業務兼備的國家級或城市行銷組織，常令我備感困擾與惋惜，故我願在此提出個人的想像與建議，期待臺灣能夠早日建立高效率的行銷組織，以會議產業的內容帶動經濟發展，並打造最適合國際商務旅客的軟硬體環境。

會議產業是國家與城市的一種發展策略。會議不僅能提振經濟、創造觀光亮點，更是各地塑造品牌的最佳舞台，並讓國家與城市在全球知識經濟中佔有一席之地。上位者應該要營造優質生活空間、發揮地方優勢，最終讓城市——甚至是國家——成為適合生活、學習、經商的國際人才聚寶盆。

人才是滋養經濟的活水，在全球自由流動。臺灣得天獨厚，地理位置絕佳，文化豐富多元，人民勤奮友善，只要掌握關鍵的問題與思考方向，理應能成為生機蓬勃的一畝集水源地。

01 ——— 轉動臺灣行銷力，關鍵在組織

公私合夥，帶進生意

經過十多場訪談，我終於領悟：城市要成功行銷、發展會議產業，關鍵其實在於一個「公私合夥（public private partnership，簡稱 PPP）」的專責組織。由政府和會議產業一起聯手，才能結合公部門的財力與資源、私部門的動機和效率，共創榮景。

由訪談中可知，各典範城市固然自有其經營模式，但未必全然採用公私合夥模式，設計與經營策略也不盡相同，但至少都有城市或國家行銷組織，且在組織設計上均把握了靈活、敏捷、創新、有效且永續的關鍵目標。

當責、效率、中立、公平

城市行銷的關鍵因素很多，但公私合夥的模式，比較能確保效率與效果。不論是歐式、美式或亞洲的公私合夥模式，均具備以下要素：公私合夥、專業經營、企業組織設計、中立且公平的制度。公私合夥，讓產業負責投資城市的整體行銷，實現「使用者付費」的概念；專業經理，則是延攬專業的行銷和業務團隊，向外

爭取會議業務,而非指派公務員執行;企業組織設計,則導入了私部門的聘僱、管理模式與薪資制度,盡量避免繁文縟節的行政程序,讓人員可以展現彈性與創意。中立公平的運作規則,既能把業務洽談程序攤在陽光下,又能依客戶需求,不偏頗地引介飯店、會議公司、場地等業者,保持城市行銷組織的公信力,確保與所有產業的服務鏈保持等距關係,同等地服務每一位會員業者。

所有受訪的城市行銷組織,不約而同都面臨了「利益分配」的問題。國際組織選定在所屬城市召開會議後,到底要使用 A 公司、還是 B 公司的服務?到底該使用 C 會議中心、還是 D 飯店的會議廳?所有城市行銷組織都非常小心地處理這個敏感議題,並盡量讓溝通的過程公開透明。因為組織的經費既然來自政府和業界,便不可圖利特定廠商,否則便辜負了納稅人和業界的支持與信任。因此,若這個組織同時身為會議服務提供者,就很難保持中立為整體業界服務。

另一個必須採用公私合夥模式的原因,乃是會議產業的「產品」絕大部分掌握在公部門手中,例如:對外的航空、港口等交通設施,國內的運輸、都市發展、衛生、治安和觀光基礎建設,尤其是會議中心、展覽館之土地取得與興建。同時,位在會議產業最後一哩的服務、實際與會者接觸的都是私部門企業,譬如會議公司、旅行社、飯店、餐飲業者、文化表演業者、零售商、計程車司機,甚至每一位城市居民都算是私部門的一份子。因此,唯有透過公私合夥的合作模式,才能使所有利害關係人一起建構,令國際人士感動的體驗,打造具有臺灣特色的會議產業。

日、韓、馬、泰、印度可以,臺灣為什麼不行?

綜觀全球,從發達市場到新興市場,國家和城市紛紛設立公私合夥的專責行銷組織,和業者與地方產學社群一起爭取國際會議生意。舉亞太區國家為例,多數的城市或國家都設有城市行銷組織,如澳洲現在有布里斯班、雪梨、塔斯馬尼亞、黃金海岸、墨爾本、伯斯等 14 地;印度與印尼都有國家級的組織;馬來西亞有國家會議局和沙勞越會議局;近一點的韓國有首爾、釜山、光州、濟州島等 12

圖 5-1　綜觀全球，國家和城市紛紛設立專責行銷組織。圖為 2015 年 IMEX Frankfurt 展場各城市 / 國家品牌爭鋒盛況。

地；國人熟悉的日本則有東京、大阪、福岡、熊本、宮崎、沖繩、佐世保、高松等各級城市共 33 地；中國也有深圳、海口、無錫、上海等城市行銷組織。其中若干組織的經理人，甚至延攬外籍人士擔任。

反觀臺灣，政府經濟部門在輔導會議產業時，通常是以「專案辦公室」執行計畫推動。為了因應產業的生命週期，這固然是最有彈性的做法。然而會議產業非常「在地」，就像觀光、文化、農業一樣，永遠不會外移，也沒有所謂產業生命週期，是國家、城市需要長期發展的產業。再說「專案辦公室」畢竟不是一個常設組織，團隊難以永續經營，又因為爭取協會型的國際會議往往需要 3 到 5 年以上，所以 4 年為一期的專案辦公室其實很難持續、穩定地執行競標工作，且不容易傳承人才與經驗。

我認為，我國應該要急起直追鄰近國家，成立常設、專責的國家或城市行銷機構。臺灣的會議軟硬體設施已然健全到位，卻仍缺少一個類似本書訪談介紹的國家級「會議」或「會、展」產業推動組織，除高雄外，各縣市也沒有設立專責的城市行銷組織，相當可惜。

所以臺灣發展會議產業的第一步、也是最重要的一步，就是先成立國家級的會議推動組織，真正替臺灣做業務，把會議生意帶進來。為了拋磚引玉，我簡略地描述心中對於這個組織的淺見如下。

首先，這個組織必須肩負以下功能：

發展會議產業品牌策略

深度研究臺灣舉辦國際會議、獎勵旅遊或文化活動、盛典節慶、運動賽事的優勢和吸引力，擬定長期「國家品牌」定位與策略，並聚焦國際買家、國際組織或活動的主辦單位等決策人士，操作行銷及業務計畫。不過，策略發展是非常專業的工作，公部門往往欠缺執行經驗，或預算不足以聘請專家全盤規劃執行；而機關舉辦的策略會議又缺少架構，常導致會議淪為專家學者「各言爾志」的局面，會中的建言不易收斂為可實施的方案。理想中的組織必需以此為戒。

走出去，建人脈，做業務

會議產業與大眾觀光市場最大的不同在於目標族群非常清楚，要成功爭取案件，無法只靠行銷宣傳。積極、靈活的業務能力，才是得到生意的「最後一哩路」。組織應針對公協會會議、企業會議、獎勵旅遊，甚至是體育賽事和大型活動等不同市場，分別延攬專業的國際業務人才，然後主動出擊接觸買家，並長期經營關鍵客戶的關係與業界人脈，更要具備堅強的外語及提案能力，例如：檯面上要能製作符合國際水準、情理並茂的競標簡報；在檯面下的社交場合能夠長袖善舞、建立良好關係。更重要的是，要能夠投入組織運作，實際貢獻己力、贏得敬重，才能在關鍵時刻取得支持。

公私部門資源的協調者

政府的資源與支援，始終是會議產業不可或缺的要素。從爭取案件階段所需的政府首長支持信，到會議活動舉辦時方便國外與會者的簽證、通關等措施，再到活動現場數千名外賓的運輸接駁、交通管制、安全管理，都有賴經貿、觀光、內政、外交、科技、文化等跨部會單位的協調與合作。理想中的國家級會議推動組織，必須擔負起這些溝通工作的平台與單一窗口角色，其他相關部會要有共同達成任務的團隊精神，充分發揮政府的效能。

圖 5-2　圖為 2015 年 IMEX Frankfurt 荷蘭館，會議局人員與潛在客戶洽談。

兼具彈性與效率

為了有效達成上述目標，這個組織必須具有企業的思維，兼具效率、彈性，並以績效為導向，才能夠延攬優秀的專業經理和業務人才；給予具競爭力的報酬，並依業務目標設計獎勵制度，鼓勵業務人才賣力爭取案件。爭取國際會議的業務人才萬萬不能被行政工作綁住，或是受制於申報審批之類繁瑣規定，以免喪失寶貴的商機。

舉例來說，若發現一個潛在客戶近日將從荷蘭到香港參加活動，且有機會順道來臺灣看看，我們的國家級會議推廣組織若能及時動支經費接待這位貴賓，或至少派員赴香港洽談，就很有可能為臺灣贏得一個重要的生意。

我認為，具有如此功能與彈性的組織，理想上應採公私合夥的模式，以公司或基金會的形式設立營運。公部門的資源挹注不可或缺，因為對會議產業來說，「城市」是最重要的「產品」，也是最受人矚目的焦點。所有會議活動的主辦單位都會宣布「下一屆會議將在某國家某城市舉辦！」簡而言之，會議產業行銷既然是國家和城市，等於是替政府服務，自然需要、也值得公部門的投資。

關鍵在於永續財務模型與業界支持

組織設立初期，仍需以政府預算支持。目前，經濟部國貿局每年編列預算運作「推動會議展覽專案辦公室」，以每四年一簽的「專案」形式，委託團隊負責宣傳行銷、競標業務及資源整合等工作。這筆經費，其實恰足以支持臺灣國家級會議推動組織的設立與初期運作。

組織建置完成後，便應該讓私部門積極參與，並逐步為組織尋覓財源。一方面，邀請會議展覽、飯店旅館、獎勵旅遊、運輸等業者加入組織，定期繳納會費並給予建議，同時享受組織提供的商情資源和潛在案主的聯繫方式。另一方面，在「使用者付費」的原則下，最受惠於會議和商務旅遊的航空業者，可與主管機關

研擬提撥「機場稅」的一定成數挹注組織；而飯店旅館業者、場地業者、會議活動顧問業者、交通服務業者等，可以經由討論建立一套比較可行的財務模型來支持此一組織。

會議產業是發展「戰略型產業」的最佳手段

長期來看，臺灣的國家級會議推動組織，除了要達成財務自主、永續經營的目標，更可以配合國家產業發展戰略，擬定相應的作戰計畫，「擴大產業規模」、「來客數」、「會議城市排名」等觀光旅遊的量化指標固然重要，有策略地結合產業發展，更是會議產業重大貢獻。國家會議推動組織，可以成為國家發展知識經濟的作戰參謀，藉由爭取和主辦會議，協助國家策略產業，拓展全球版圖。

舉例來說，墨爾本會議局局長薄凱倫女士就談到，生醫產業是墨爾本市的發展重心，於是會議局就努力爭取生技和醫學相關會議主辦權，讓全世界的專家有理由與當地的產、官、學界面對面溝通，並體驗城市和生技產業的脈動。又譬如臺灣如果期望在 2030 年時成為東亞地區高齡照護產業的重鎮，那麼就得在 2020 到 2030 年間，極力爭取國際間長期照護和醫療輔具產業的主要會議，促成人才、知識與商機的交流。

促成區域合作

如我在第二章所述，近年家喻戶曉的「會展產業」其實是兩個頗為不同的產業。展覽產業競爭的條件在於市場規模、產業聚落，是「零和遊戲」，市場中大者為王、贏者全拿；會議產業則強調內容創新與感動體驗，是「競合遊戲」，每個準備好的城市都有機會。以臺灣城市的先天條件，會議產業可以在每個角落遍地開花，打造每個城市成為自有特色的會議城市。

臺灣面積雖小，但人口不少，各縣市的自然、人文和經濟活動也很多樣，因此有條件經營各自的觀光特色，開拓不同性質的國內外會議或獎勵旅遊市場。

圖 5-3　圖為德國各城市會議局，同在一個「德國」品牌的行銷策略與國家會議局協助下，在 2015 ibtm world 做業務。

對所有的政治人物或公部門的官僚系統而言，不管做什麼事情、為什麼目的，通常第一個想到的總是行政區域地圖。那些在實際生活中並不存在的虛線，往往限制了官員的思考。例如臺北市政府可能就不會用自己的公務預算，去行銷新北市的景點，但這些景點卻是到臺北市參加會議活動的國際人士，會後經常會前往的旅遊景點。

縣市政府推動會議產業，不應該以行政區域為思考單位，而應該站到區域合作的高度，依不同的市場區隔，彼此相互合作。以南臺灣的高雄、臺南、屏東為例，港都高雄可以聚焦吸引商展，屏東可以發展渡假型的企業會議市場，臺南則可以吸引醫學會議、科技會議、企業會議與獎勵旅遊。鄰近縣市若能相互合作，將對方納入會展資源、不擔心排擠效應，必然可以增加「區域」的吸引力，一起打造大區域的會展市場。

上下聯手，分進合擊

各地方的推動組織和中央並不衝突，反而是相輔相成。我認為，會展產業需要各級政府部門高度整合、一起推動，才能增強體質、擴大組織。由中央帶頭擬定國家級戰略、塑造臺灣的品牌，爭取長期、大型、複雜的會議活動，把生意帶進臺灣；地方則在國家會議品牌帶領下，鎖定各自的利基市場行銷，也可以和中央合作，爭取符合縣市優勢和發展目標的會議活動。讀者若有興趣，不妨參閱第138頁德國國家會議局局長舒茲先生的訪談，了解德國國家會議局如何與各邦的會議局合作，發揮最大的綜合效果。

中央與地方分工的關鍵有二。首先，從經營會展產業的策略思維來看，中央政府可邀集各縣市，重新檢視臺灣整體的產業發展方向，及想發展會展產業的各個城市的強項，以避免各縣市在同一個領域互相廝殺。舉例來說，假設醫療產業是臺灣在亞太區的發展重點，中央政府與醫療產業，就可以提出協助臺灣醫療產業爭取相關國際會議及展覽的方針，而具有學術與臨床資源的各地方政府，則可思考並協調各自想專注的領域，譬如醫美、復健、長期照護等，或是特定醫療科別。

臺灣各個城市應該要發展不同的會展城市策略，如此一來，「臺灣」在國際買家眼中，就會是一個購物中心，各縣市都有些精品。譬如新北市、宜蘭縣、桃園市可依各自特色，吸引國際企業型的會議，或是因應國內企業和公協會的開會需求，提供適當服務。對國內會展業者來說，由於整間購物中心是同一個老闆，所以各專櫃之間可以整合更多資源、分享更多經驗、滿足不同的市場，然後發揮更大的「集客」綜合效果。

另一方面，中央與地方要分工改善會展產業的軟硬體環境，上下其力擬定並實現「會展產業帶動國家發展」的策略藍圖，列出中央和各縣市各自的努力項目。至於有哪些重要項目必須建設，請容我稍後說明。

02 ——— 會議產業發展的上位思考

會展產業為主體的政策思維

臺北世貿展覽館於 1986 年開幕，臺北國際會議中心於 1989 年底營運，都是當時亞洲最先進的場館，具有市場競爭優勢，也讓臺灣成為亞洲發展會議和展覽市場的先行者。然而，一直以來，政府總是以「場館營運」的角度看待會議市場，以「商品外銷」的績效期待展覽市場，所以會議和展覽只是各行各業發展的末端，始終無法成為主體，臺灣因此難以培養具跨國經營能力的業者，卻又不能排除無形的進入障礙，不願讓國際業者進入臺灣共同把市場做大。

於此同時，臺灣的場館建設在過去 20 多年間已經落後了其他亞太國家。我們的「產品」已不再新穎突出，無法讓臺灣的會展產業大幅躍進，或至少保持應有的實力。

至此，讀者可能忍不住要問：「既然全球競爭早已無法抵擋，在這樣的處境下，臺灣的出路到底在哪裡？」

串聯產業縱深，激發戰略綜效

我認為，臺灣在發展會議產業時缺乏嚴謹的方法，以至於沒有明確而長期的發展策略。雖然召開了無數的產、官、學策略會議，但各界的意見卻極少植基於嚴謹的國際市場分析、競爭力比較，會後總結的政策方向也鮮少經過商業模式淬鍊，自然無法設定確實的績效指標和成功做法。此外，大家常常概括地將協會型會議、企業會議、商展、主題展、獎勵旅遊、文化節慶、體育賽事等視為一個市場，未針對個別特性研擬策略，或設立有效的行銷與業務組織。

其實，會議產業是國家和城市的一枚好棋，可以在不同的領域打衝鋒、收戰果。我們可以鼓勵學界爭取舉辦國際學術會議，藉由國際學術交流促成跨國合作，同時培植臺灣在國際學術場合的發言權，耕耘「學術外交」和「產業外交」。多

爭取重點產業等議題的國際會議，發揮民間社團的力量，善盡臺灣作為世界公民的義務，並在會議中倡導臺灣的主張。我們也可以結合國家和地方的經濟發展計畫，爭取特定的國際會議。

可惜，現今公部門的思考常常是「這是哪個單位的業務？又是哪個部門的業績？」，難以從管理、監督的角色，轉為共同「促進者」的角色，或從「功能型」的分工轉換成「任務型」的整合。事實上，跨部門整合正是政府扶植會議產業最重要的任務與挑戰。以下就以幾個中央部會為例，提供一些思考的方向。

以國發會來說，會議產業涵蓋國土規劃、城鄉平衡的議題，每年在瑞士舉辦的世界經濟論壇（World Economic Forum）就是最好的例子。這個全球矚目的年度盛會並不在蘇黎世或日內瓦，而是在瑞士東部的小鎮達沃思（Davos）舉行。會展產業也是振興地方經濟最好的工具，日本就是這方面的翹楚，1964 年與 2020 年的東京奧運、1970 年大阪萬國博覽會、2005 年愛知博覽會，以及許多地方節慶，都是成功振興地方的案例。

圖 5-4　圖為 2013 年世界經濟論壇「阿拉伯世界的轉型」小組討論場次。

圖 5-5　圖為 2015 年德國國家會議局主辦的創新工作坊。

國際會議是廣邀國際友人來台交流體驗的絕佳機會，外交部當然不能缺席。外交部也可借重臺灣在國際上活躍的非政府組織，拓展我國與國際社會的聯結、深化國際事務參與。

內政部應該輔導國內社團組織更有效率地運作，並鼓勵國內社團參與國際業務。另外，給予國際人士，尤其是中國籍專業人士，方便取得來台與會的簽證，從管理者變身成為「促進者」。

科技部、衛生福利部則可利用臺灣在科技、醫療領域的優勢及成就，鼓勵學者參與更多國際事務，吸引更多國際專家來臺灣交流。臺灣有太多享譽國際的學者對我們的土地充滿熱情，願意回饋鄉里。國家要做的，就是讓他們在爭取國際會議時沒有後顧之憂。

圖 5-6　2015 年 ICCA 年會開幕典禮上阿根廷民族樂手之表演，投影畫面為阿根廷各省風光，充分展現文化特色。

5-6
5-7

圖 5-7　2016 年全球自行車城市大會發揮臺灣自行車產業優勢、臺北市發展自行車城市建設成就與願景，創造豐富的議題。

我國交通部主管觀光業務，而會議產業當然是提升國際觀光客質量（相對於數量）的關鍵。此外，交通部在運輸設施的建設，如機場航廈整建、城鄉連結等，在在影響國際與會者在台的體驗。

對經濟部而言，會議產業是發展知識經濟的最好途徑，因此必須視會議產業為重點核心，延攬與國外交涉經驗豐富、具國際宏觀視野和對內整合能力的文官全力衝刺。

其他的中央機關可以鼓勵管轄的周圍組織努力爭取國際會議來台舉辦，在爭取和籌備的過程中，彌補臺灣因長期無法參與國際官方組織而產生的國際「斷層」，令施政得與國際充分接軌。

各縣市和地方，首要之務是建立各自的城市品牌及適合召開國際會議的城市環境，組織具有國際行銷及業務能力的團隊，爭取商機與生意，嘉惠城市的各產業鏈與工作者。於此同時，更重要的是打造一個能吸引國際會議和訪客的軟、硬體環境，也是我下一節所要談的內容。

創新內容，自有品牌之島

現今，隨著國際會議市場競爭愈來愈激烈，做好溝通、聯繫工作，已經無法滿足會議與會者，大家的時間越來越寶貴，亟欲經由短短幾天的會議，得到啟發、拓展人脈、促成商機。對於會議的主辦者而言，挑戰越來越多。

而「內容」是達成這些目標的最佳利器。好的「內容」吸引好的講者，好的講者吸引好的與會者，好的與會者吸引更多的與會者以及贊助商，讓整個會議產生正面循環。

臺灣其實很有條件產出這樣的「內容」。自由、民主、包容兼備的環境，為藝術和文創等「內容產業」孕育了絕佳環境，加上臺灣親近華文的廣大市場，因此在

圖 5-8 2016 年全球自行車城市大會和臺灣自行車工業設計相輔相成。圖為經濟部次長
卓士昭先生參訪展場。

圖 5-9 2016 年高雄市長陳菊（前排中）、經發局局長曾文生（右三）與高雄會展聯盟
會議大使合影。

5-8	
5-9	

亞太區形成獨特的競爭優勢，能夠吸引創意人才聚集，有條件成為亞太區的「創意內容」或「知識經濟之島」。如果臺灣可以產出更多國際級的內容，便能吸引更多國際知名的講者及與會者造訪，進而貢獻國際社會、提升臺灣的國際地位。

籌辦會議時，我們除了懷抱熱情和仔細做好接待服務，還可以把目標拉得更高些，利用更多創新的內容，讓與會者更加敬佩臺灣人的深度。如何包裝、行銷藝文活動，成為可以吸引外國訪客的亮點。事實上，流行音樂界已經在這個方面做了最好示範，五月天、蔡依林、周杰倫都是最佳國際行銷典範。

再進一步講，政府為何不把會議、活動、節慶的「品牌經營權」交給民間呢？目前國內許多會議、活動、文化節慶都是由政府經費支應，但無奈各部門預算相互排擠、規模逐年遞減，且公部門本來就不擅長經營生意，多重視防弊而疏於興利。既然如此，政府何妨透過適當規範，沿續目前的預算規模，但將此類活動的經營權利讓與民間組織發揚光大？

我認為，以臺灣民間豐沛的活力與創意，足以自創許多如「世界經濟論壇」一般的國際會議和文化活動品牌，並借助非營利組織的能量，倡議普世價值與公益議題，甚至主導全球議題發展，為國際社會更大的貢獻。

另一方面，臺灣應該積極推動「會議大使」計畫。很多城市與國家，為了爭取更多國際會議，而延聘如教授、醫師等產學菁英擔任會議大使，獎勵其運用個人聲望與連結，協助行銷地方、爭取會議。由於臺灣無法順利參與許多以政府為代表的國際組織，很多民間專業人士必須以單打獨鬥的方式參加國際組織，憑藉個人長期的努力與專業實力培養關係並受到敬重。既然如此，我們就應該要珍惜並凝聚民間的能量。舉例來說，高雄會展聯盟於 2015 年成立時隨即啟動會議大使計畫，陸續延聘成功爭取國際會議到高雄的產、學、研菁英，連結政府與民間力量，一起打響高雄的品牌，證明會議大使在臺灣絕對行得通。

03 —— 最「會」的 3A 城市

地方發展國際化的策略

記得 2004 年時，我受邀到中山大學演講。那時臺灣高鐵還沒通車，往返北高最方便的是飛機，國內航空市場競爭激烈，北高航班每十多分鐘便有一班，頻繁得有如客運，票價是千元有找。

我出了高雄小港機場，搭上一輛頗為老舊的計程車，由早已停產的裕隆牌車款研判，車齡肯定超過 20 年。前往西子灣的路上，我忍不住問了司機：

「你為什麼不換車？」
「沒有錢換啊！」
「那你一天可以跑多少？」
「運氣好的話，可以排班跑到一千多元。扣除油錢，大概只剩下吃飯錢了。」

下車時，司機問我是不是要搭飛機回臺北。我說，如果他願意等我演講結束，我願意搭他的車回到小港機場。他說，回去排班也不一定能夠載到客人，所以他願意等我兩三個鐘頭，確保可以做到這趟生意。

2006 年，同樣也是在高雄，我們成功舉辦完亞洲專利代理人（Asian Patent Attorneys Association）年會隔天，大家正在忙著整理所有資料，準備回臺北。同日，主辦單位亞洲專利代理人協會臺灣總會的理事長，宴請所有工作人員。我們從大會總部位置所在，當時的高雄金典飯店，搭乘計程車前往聚餐的高雄國賓飯店。一上車，計程車司機就問我們是不是大會工作人員。我問他為什麼知道這個會議？他說，市政府特別向排班的計程車司機宣傳，要好好服務這些外賓。我很好奇地問他這幾天生意好嗎？他很驕傲地說，平常在飯店排班可以跑到兩千多元，這幾天都是跑到三千多元。

我想説的是，會議產業的經濟價值其實由全民共享，受惠者不止是計程車司機，零售、餐飲、旅館、交通、觀光服務等行業都包含在內。會議產業貢獻的金錢價值，絕非由少數財團或股東獨享，而是普羅大眾皆受惠。此外，會議活動所吸引的人才、知識與機會，也是不斷刺激地方人文和產學環境進步的催化劑。

過去，城市規劃者以奇觀建築彰顯實力、創造居民榮耀、打造城市形象。國際運輸進步後，城市開始利用大型活動吸引觀光客。時至今日，各大城市意識到，文化特色和生活品質才是吸引外人來訪或移居的重點，為政者開始由下而上、從訪客或居民的角度體驗，思考如何建構理想的環境，吸引各種不同的人才經常造訪或長期居留，因為吸引的人才不同，進而在區域或世界上找到獨特的定位。

一個城市的內在「個性」或外顯「品牌」，決定了當地產學的動能，也影響其是否有機會繼續吸引更好的人才與居民。在知識經濟的時代，會議產業最可以吸引世界上最好的腦袋。例如，2000 年在臺北市舉辦的世界資訊科技大會，就邀請到了時任微軟總裁的比爾・蓋茲來演講，至今仍為人津津樂道。臺灣若想繼續邀請如比爾蓋茲這樣的知識菁英，最好的方式就是不斷創造或者吸引如世界資訊科

圖 5-10　2000 年世界資訊科技大會在臺北舉辦，圖為當時的微軟總裁比爾・蓋茲在臺北國際會議中心演講。

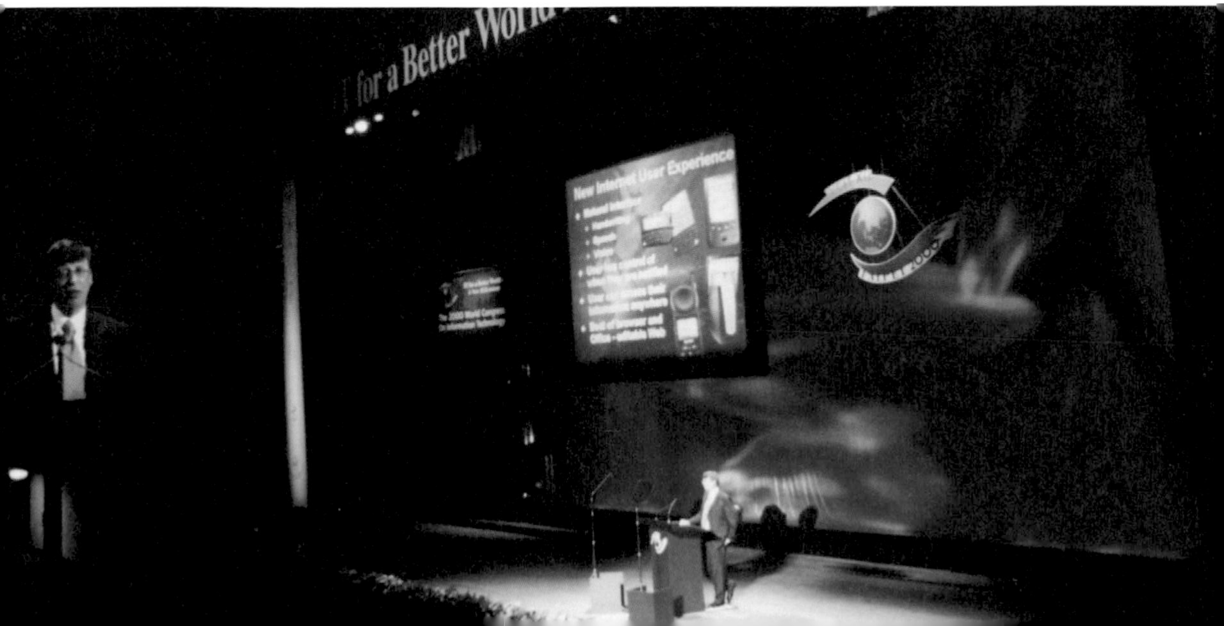

技大會般的盛會。要舉辦這種規模與水準的國際會議，除了有待前面提到的公私合夥專責城市行銷組織支持，也需要中央與地方依照知識菁英的需求，建立國際化的商務環境。

進一步說，政府不妨以「會議」產業為核心，把會議作為城市發展的策略，讓臺灣的會議城市居民在國際化的都市環境中生活與工作，不僅賺到全世界商務旅客的生意，也間接促成地方文化、知識的交流。我們可以藉舉辦國際會議，盤點城市各項設施與服務，是否滿足國際專業人士的需求與國際標準，以此提升城市的生活與商務活動的品質，帶動未來投資，並吸引新住民移入。

會議產業是跨國、跨城市的競爭，臺灣的城市必須與外國城市競爭，所以凡事需「換位」設想外國人商務出差的需求與顧慮，相關設施與服務也要依國際標準規劃、運作，方能站上有利的位置。

一個會議城市基本要具備三個 A，分別是交通易達（accessibility）、環境舒適（amenity），以及觀光文化特色（attraction）。根據個人多年來出國的經驗，對照自己在臺灣旅遊的心得，我深度探究每一個 A 的充分條件如下：

· 交通易達，容易連結：不僅是指「有航班」，還要考量航班的密集程度，以及轉運的時間。若每週只有兩班飛機，下了飛機還要兩個鐘頭的車程才到得了會議中心，商務旅客必定吃不消。

· 環境舒適，方便交流，資訊友善：必須從使用者的角度思考，訪客從家裡前往某地出差旅行「一路上」的所有遭遇。譬如當地的出入境資訊是否明確？接駁選項是否多元？機場標示是否清楚？接駁交通是否順暢？是否有許多司機攬客擾人？飯店住宿品質是否可靠？辦當地的手機門號是否方便？公共運輸是否便利？計程車可否刷卡？網路連線是否便宜且穩定？看病買藥是否方便？城市治安良好與否？商家對於不同文化、語言、飲食習慣者是否尊重？一個城市若能讓旅客覺得受到尊重，必定能受國際與會者青睞。

圖 5-11　商務旅客親身體驗城市的時間、方式與服務水準，也必須納入考量規劃。圖為九份山城。

這些問題不一而足，全靠主事者用「同理心」仔細感受，然後訂下標準與建議作法，並耐心和在地商家溝通、說明，才能讓城市從小處著手準備，以迎接國際商務菁英。

· 觀光文化特色，體驗魅力無限：一個地方的先天自然與人文名勝固然重要，但左右口碑的往往是後天的經營與呈現，尤其是旅客在景點體驗的軟硬體細節、一路上的所見所聞，還有領隊導遊等服務人員的用心。譬如臺灣某個山中小城近年來聲名大噪，聞風而至的國際知識菁英親身走訪。沒想到，好不容易搭上了正確的客運，下了車卻不知從何接駁至老街。擠了攬客的計程車往山裡去，一路上看到的是隨意搭起的鐵皮違建、雜亂的商家招牌、搶道亂竄的機車。下了車，他發現路邊沒有人行道，自己必須在汽機車與攤販間穿行⋯⋯。

旅程結束後，若有人問起這個山城，他必定搖頭：「照片上看起來不錯，去了以後發現不怎麼樣。」所以我認為，觀光景點要吸引人造訪，倚靠的若是文案或照片，容易；要讓人留下好印象，仰賴的若是細節的經營，最難。

臺灣的確是個蘊藏豐富自然與人情的寶島，我們不該妄自菲薄。但若要爭取高消費力的知識菁英來訪，勢必得提高自我要求，縝密地考量商務旅客親身體驗的各個關鍵時刻的節點與服務水準，才能打造「3A」具備的會議城市。其實，或許主事者只要走出辦公室，放下一切，把自己當個陌生的外國人，「到自己的城市旅行」，詳細記錄過程中的視、聽、嗅、味、觸五感體驗，再比對國內外的差異，必定能發現隱藏許久的問題，找到更上層樓的關鍵。

04 ─────── 相會臺灣，連結世界

彰顯軟實力的國際平台

歷經幾十年的努力，臺灣的自由、民主、經濟、多元社會等成就傲視華人社會，在亞洲也是首屈一指。這個充滿活力的社會所孕育出的創意動能，使臺灣成為華人社會的文創指標。幾代人胼手胝足創業奮進，傳統人情味也歷久彌新。1987年解嚴以來，我們順利度過一關又一關的政治變革，公民社會日益成熟，甚至在大國崛起的威脅下更加茁壯，連青年都加入關心國事的行列，催生了一次次的人民運動與學運，讓其他華人社會與亞洲國家羨慕不已。在快速連結的網路時代中，臺灣的進步思潮與作為，愈來愈能引領潮流、影響世界。

臺灣最可貴的能量，來自於「由下而上，積少成多」的庶民力量，也恰好是網路時代最重要的概念。自由、民主、人情味，不僅是我們引以為傲的價值，更可說

圖 5-12　圖為 2016 全球自行車城市大會晚宴交流。

是臺灣在國際立足的資產。試想，華人社會中，哪裡可以讓國際知識菁英暢所欲言（包括立刻在社群網站上分享心得），體驗傳統華人文化的精髓，同時上山下海享受自然？唯有臺灣。而臺灣又有哪些機會，能邀請國際知識菁英到此一遊？唯有國際會議。

會議產業與城市行銷，正是協助臺灣連接世界的橋樑。對國際專業人士而言，會議吸引同一個領域的專家學者們，在同一段時間裡，聚集在某個主辦城市，針對彼此共同關注的議題，面對面交流，激盪精彩的火花，建立綿密的人脈。在網路充斥的時代中，會議更形重要，因為任何科技都無法取代「面對面」的言談、握手與擁抱，也無法模擬宴會上觥籌交錯，賓主盡歡，最重要的是無法累積人與人見面建立的深層信任與感動！

讓我們重新思考整個國家定位，張開雙手、擁抱世界、參與世界，提升人民的視野與胸襟。讓全世界了解，臺灣有的不只是熱情與友善，臺灣有的不只是文化與創意，更有開放的政治和人文環境，歡迎各種思想激盪辯證，歡迎全世界最有想法的「腦袋」造訪，實驗理想，追求創新。臺灣不只有機會為華人社會貢獻己力，甚至能樹立全球知識激盪的典範。

透過會議連結世界，這個夢想不再遙遠，畢竟我們已經走了大半。我們的山水自古有之，人情永遠濃烈，文化日益包容，產業持續突破，政治愈發開放，早已具備吸引國際會議與知識菁英的條件，卻仍欠缺一個公私合夥、把生意帶進來的專責組織，永續地轉動臺灣的行銷力。在這最後一哩路上，你我都可以決定臺灣的機遇。期待這本書能帶動更多人的關心與建言，為我們所在的城市和國家盡一份心力。

致 謝

想寫一本會展領域的書籍的念頭已經有十多年了，直到 2014 年才著手動工，終於在今日實現。這本書能夠完成，要感謝的人太多。

首先，如果不是國際會議協會（ICCA）的人際網絡，我大概無從聯繫上這些國際的城市行銷專家和組織。更重要的是他們願意受訪且毫無保留地分享經驗。其次，沒有集思及同仁的支持，我無法在過去 20 多年間持續參加國際會議協會年會及相關活動，尤其往往是在公司很忙碌的時候出國參加。再來要感謝我的母校——中國文化大學觀光事業研究所——協助我建構了思維系統。

感謝全華出版社願意出資出版，謝謝余麗卿副主任以及編輯顏采容小姐的辛勞，以及集思同仁劉宜鑫統籌並執行本書的企劃及編譯工作。

謝謝替這本書寫序的地方政府、中央機關、研究機構、學界及業界領導人物：高雄市陳菊市長及曾文生局長、臺中市林佳龍市長及呂曜志局長、桃園市鄭文燦市長、中興工程施顏祥董事長、經濟部貿易局楊珍妮局長、交通部觀光局謝謂君局長、經濟部江文若處長、臺經院龔明鑫副院長、臺灣觀光協會賴瑟珍會長、中華大學觀光學院蘇成田院長、前高雄餐旅大學校長容繼業先生、嘉義大學觀光休閒管理研究所（也是我在研究所的恩師）曹勝雄教授、醒吾科大學觀光餐旅學院李銘輝院長、景文科技大學洪久賢校長、高雄餐旅大學林玥秀校長、外貿協會副秘書長兼展覽暨會議公會理事長葉明水先生，以及國際會議協會主席 Nina Frey-sen-Pretorius 女士和執行長 Martin Sirk 先生。各位願為拙作美言，實令本書增色不少。有您們的支持，一定有更多人願意替臺灣及自己所居住的城市貢獻心力。

我也要謝謝在寫作初期協助研擬策略的中華大學林冠文助理教授,他的參與讓訪談更有深度。非常感謝我的摯友、臺師大運休所王國欽教授鉅細靡遺地校對和指導。更感激高雄市經發局鄭介松副局長、臺經院周霞麗處長、致理技術學院范淼副教授,以及廖英傑先生的寶貴意見與協助。謝謝中華國際會議展覽協會王振福秘書長的支持,以及集思同仁淳婉、致緯幫忙許多聯繫工作,還有伊婷設計封面。感謝薛寧心女士及鄭心如、鄭依如小姐細心編輯、校對文字。這一路上,還有許多長官和好友的協助不及備載,只能請各位包涵了。

這本書是利用公事之餘完成的著作,又是我的第一本書,雖然勉力而為,但其中恐怕還是多有疏漏及未盡之處,例如文獻佐證不足,或論述有待檢驗,或缺乏量化數據等等。不過,另一方面。這本書其實正是為了拋磚引玉,希望能激起各界的評論與建言,好讓更多人一起為臺灣「做一件好事」。因此,期待各界先進不吝賜教,一齊鞭策、鼓勵在下。

最後,我要謝謝我的太太──千秋。妳的默默支持,一直是我前進的最大動力。容甫、容嘉,你們讓我深刻體會生命中的美好,讓我學會更珍惜生命中相處的每一刻!

2016 年 5 月於臺北

圖片來源

- ◆ 圖 1-1　　全華圖書提供
- ◆ 圖 1-2　　全華圖書提供
- ◆ 圖 1-3　　舊金山旅遊協會提供
- ◆ 圖 1-4　　國際會議協會提供
- ◆ 圖 1-5　　全華圖書提供
- ◆ 圖 2-1　　德國國家會議局提供
- ◆ 圖 2-2　　IMEX 提供
- ◆ 圖 2-3　　臺北市政府提供
- ◆ 圖 2-4　　舊金山旅遊協會提供
- ◆ 圖 2-5　　臺灣急診醫學會提供
- ◆ 圖 2-6　　臺北市政府提供
- ◆ 圖 2-7　　國際會議協會提供
- ◆ 圖 2-8　　葉昇典攝影，高雄展覽館提供
- ◆ 圖 2-9　　國際會議協會提供
- ◆ 圖 2-10　全華圖書繪製
- ◆ 圖 2-11　葉昇典攝影，高雄展覽館提供
- ◆ 圖 2-12　德國國家會議局提供
- ◆ 圖 2-13　IMEX 提供
- ◆ 圖 2-14　IMEX 提供
- ◆ 圖 2-15　國際城市行銷組織協會（DMAI）提供
- ◆ 圖 2-16　國際城市行銷組織協會（DMAI）提供

◆ 圖 5-4 　Copyright by World Economic Forum and swiss-image.ch/Photo Monika Flueckiger

◆ 圖 5-5 　德國國家會議局提供

◆ 圖 5-6 　國際會議協會提供

◆ 圖 5-7 　臺北市政府提供

◆ 圖 5-8 　集思國際會議顧問公司提供

◆ 圖 5-9 　高雄市政府提供

◆ 圖 5-10 　臺北市政府提供

◆ 圖 5-11 　https://pixabay.com/

◆ 圖 5-12 　臺北市政府提供

國家圖書館出版品預行編目（CIP）資料

轉動城市行銷力 / 葉泰民著. -- 二版. --
新北市：全華圖書, 2016.10
296 面；17 × 23 公分
ISBN 978-986-463-364-7（平裝）

1.商品展示　2.會議管理

497.3   105017326

轉動城市行銷力

作　　者 / 葉泰民

發 行 人 / 陳本源

執行編輯 / 顏采容

責任編輯 / 劉宜鑫

翻　　譯 / 劉宜鑫、陳中寬、許琬翔、簡萱靚

校　　對 / 劉宜鑫、薛寧心、鄭心如、鄭依如

封面設計 / 田修銓

出 版 者 / 全華圖書股份有限公司

郵政帳號 / 0100836-1 號

印 刷 者 / 宏懋打字印刷股份有限公司

圖書編號 / 0823201

二版一刷 / 2016 年 10 月

定　　價 / 新臺幣 520 元

I S B N / 978-986-463-364-7（平裝）

全華圖書 / www.chwa.com.tw

全華網路書局 Open Tech / www.opentech.com.tw

若您對書籍內容、排版印刷有任何問題，歡迎來信指導 book@chwa.com.tw

臺北總公司（北區營業處）

地址：23671新北市土城區忠義路21號

電話：(02) 2262-5666

傳真：(02) 6637-3695、6637-3696

中區營業處

地址：40256臺中市南區樹義一巷26號

電話：(04) 2261-8485

傳真：(04) 3600-9806

南區營業處

地址：80769高雄市三民區應安街12號

電話：(07) 381-1377

傳真：(07) 862-5562